FRANZ JOSEF KEILHOFER

MIT HOLZ, HERZ UND HAND

FRANZ JOSEF KEILHOFER

MIT HOLZ, HERZ UND HAND

Das echte Leben – ein Mann und sein Handwerk

LUDWIG

Alle im Buch enthaltenen Bilder sowie
viele weitere sind gesammelt zu sehen auf:
www.herz-flimmern.com/mitholzherzundhand

MIX
Papier aus verantwortungsvollen Quellen
FSC www.fsc.org
FSC® C014889

Verlagsgruppe Random House FSC® N001967

Konzept und Realisierung: Matthias Maus
Redaktion: Ulrike Strerath-Bolz
Umschlaggestaltung: Eisele Grafik·Design, München,
unter Verwendung eines Fotos
von © Herzflimmern – Nadine Schachinger
Satz: Leingärtner, Nabburg
Druck und Bindung: Pustet, Regensburg
Printed in Germany

ISBN 978-3-453-28081-6

www.ludwig-verlag.de

Alles beginnt mit der Sehnsucht

– NELLY SACHS –

Für Doris

Inhalt

Prolog – Musik der Stille

Der Schalter klickt. Der Kompressor beginnt zu wummern. Ein ziemlich unangenehmes Geräusch, wenn man bedenkt, wie früh am Morgen es ist. Er hat in der Nacht einiges an Luft verloren, er muss sich auffüllen. Ich reibe mir die Augen und gehe durch die kalte Werkstatt. Die Leuchtstoffröhren blinzeln, sie füllen den Raum nach und nach mit Licht. Mein erster Gang führt zum Werkstattofen, Feuer machen. Es gibt ja hier immer genug Holzreste. Das Knistern und Knacken lässt mich ankommen.

Am anderen Ende des Raumes steht sie, schwer, robust, kraftvoll: meine Drechselbank. Eine massive, wuchtige Maschine von der Größe eines Klaviers. Sie ist kalt und stählern und doch vertraut wie eine Freundin. Tatsächlich ist sie für mich so etwas wie ein Musikinstrument. Ich habe gelernt, darauf zu spielen. Man kann eine Menge damit machen. Kunst und Kunsthandwerk, Sinn und Unsinn, vor allem aber: schöne Dinge aus Holz.

Neben der Maschine liegt, in Folie eingepackt, ein Stück Ahorn. Es wiegt vielleicht halb so viel wie ich. Es ist voller Feuchtigkeit, relativ frisch geschnitten. Ich muss es einspannen, mit stabilen Schrauben so befestigen, dass der richtige Punkt in der Mitte liegt – das Zentrum, um das sich das Holz drehen wird. Mein Herz beginnt schneller zu schlagen. Wegen der Anstrengung. Aber auch, weil ich weiß, es muss alles stimmen, von Anfang an. Wenn man nicht richtig anfängt, dann geht leicht alles schief, was man danach macht. Eine Songzeile von Lou Reed geht mir durch den Kopf: »A man of poor beginnings can't do anything at all.« Im Umkehrschluss: Ein Mann der guten Anfänge kann alles schaffen.

Ich gehe zum Schleifbock, der erst brummt und dann zu einem leisen Surren wechselt. Meine Werkzeuge haben am vorherigen Arbeitstag ihre Schneide verloren, wie wir sagen. Ich muss sie regelmäßig nachschärfen. Je nach Holz und Werkzeug hält die Schärfe einige Minuten, selten länger als eine Stunde. Das ist keine Nebensache, nur mit scharfen Eisen ist ein zügiges und vor allem sicheres Arbeiten möglich. Die Werkzeuge heißen Meißel, Abstecher oder Schalenröhre. Sind die stumpf, wird die Oberfläche mies, und ich muss nachher viel nacharbeiten und schleifen. Ist das Werkzeug gut geschärft, pfeift das Holz beim Schneiden, dass es eine Freude ist: Das ist das Geräusch, das ich hören will. Was ich nicht hören will, ist das Kreischen des Werkzeugs an der Schleifscheibe. Ich setze Gehörschutz und Schutzbrille auf. Ein paar Minuten später glänzen die Schneiden der Werkzeuge, sie sind rasiermesserscharf.

Beginnt jetzt die eigentliche Arbeit? Die eigentliche Arbeit hat längst begonnen, die Vorbereitung gehört dazu. Es rächt sich, wenn man das unterschätzt.

Langsam beginnt das Holz an der Drehbank zu rotieren, als ich die Maschine einschalte. Jetzt heißt es die richtige Drehzahl finden. Meine Maschine läuft mit zwischen fünfzig und viertausend Umdrehungen in der Minute. Sie muss schnell genug drehen, um dem Holz den nötigen Schwung zu geben. Aber die Unwucht darf die Maschine nicht in Schwingungen versetzen. Sie würde sonst durch die Werkstatt wandern.

Der erste Schnitt. Ein kantiges Zischen durchdringt meinen Gehörschutz, die ersten Späne fliegen. Sekunden später prasseln Unmengen auf mich ein. Sie prallen von der Schutzbrille, fangen sich im Bart. Ich beginne durch die Nase zu atmen, damit ich nicht zu viele verschlucke. Die Brille beginnt leicht zu beschlagen, der erste Schweiß bildet sich auf der Stirn. Aus dem Werkstück wird Baumsaft geschleudert, er tropft von der Decke. Es surrt, es zischt, mein Herz schlägt spürbar.

Die Schalenröhre schneidet das Werkstück rund, Konturen entstehen im Holz, Schicht um Schicht schält sich eine Form heraus. Ich konzentriere mich, ich fokussiere. Das Holz dreht sich. Die Werkstatt, mein Leben, meine Welt, alles scheint in diesem Moment um den einen Fixpunkt zu rotieren, der einmal der Boden einer edlen Schale aus Ahorn sein soll. Alles, links und rechts, oben und unten, alles was entfernt ist von diesem Fokus, verschwimmt, wird unscharf, verflüchtigt sich. Als würde die Zentrifugalkraft tatsächlich an allem zerren, was um mich ist – um mich und mein Holz.

Und plötzlich höre ich es. Ein Geräusch legt sich über das dumpfe Dröhnen im Gehörschutz. Es beginnt ganz leise, kaum wahrnehmbar, und doch ist es da. Es fühlt sich an, als würde man nach einer durchtanzten Nacht die Tür eines Clubs hinter sich schließen, als würde man seinen Kopf unter Wasser tauchen. Und dann durchströmt sie mich: die Musik der Stille.

I Holz und Arbeit

An diesem Punkt ist es Zeit für eine Vorwarnung und – vielleicht – eine Beruhigung an alle, die das Vorangegangene gelesen haben. Ja, ich kenne diesen »Flow«. Und ja, selbstbestimmte Arbeit gibt mir tiefe Befriedigung. Und sicher: Erfülltes und nachhaltiges Handeln ist mir überaus wichtig. Dennoch muss ich diejenigen enttäuschen, die jetzt einen Abflug in andere als die drei bekannten Dimensionen wollen, die sich esoterische Erklärungen und eine abgehobene Sicht auf die Welt von mir erhoffen. Die kann und will ich nicht liefern. Ich bin Handwerker, ich bin Drechsler, ich bin Foto-Model, ich bin Nachhilfelehrer, ich bin Punkmusiker und am ganzen Körper tätowiert – aber im Grunde bin ich immer noch ein Bergbauernbub, der mit beiden Beinen auf den satten Wiesen des Berchtesgadener Lands steht.

Und eines kann ich mit Sicherheit sagen: Auch ohne vierte und fünfte Dimension ist das wahre Leben spannend und interessant genug. Das gilt für mein Leben mit dem Holz und für das Leben ohne. Auch wenn ich noch jung bin: Ich hab's erlebt. In seinen Höhen und seinen Tiefen.

Mein Leben dreht sich um das Holz. Ich bin Drechsler, das sage ich mit viel Stolz, und ich habe mir alles selbst beigebracht. Als meine erste Maschine bei uns am Hof ankam, da hatte ich schon alles auf Youtube gesehen und alles gelesen, nein, verschlungen, was man in der Theorie über das Drechseln lernen konnte. Und in der Praxis hat sich das alles erstaunlich leicht umsetzen lassen. Was für ein riesengroßes Stück vom Glück!

Mein Handwerk ist Leidenschaft und elementarer Lebensinhalt. Es geht mir heute auch ums Geldverdienen, und das ist etwas zutiefst Rationales. Wenn ich gearbeitet habe, oft zehn, zwölf Stunden in der Werkstatt, im Stadl, wo die Stämme zugeschnitten werden, oder im Wald, dann bin ich erst mal richtig kaputt. So wie jeder andere auch am Feierabend. Aber, und das ist vermutlich nicht bei allen Berufstätigen so: Ich bin zufrieden.

Was hab ich heute getan? Was kann ich morgen machen? Solche Fragen stelle ich mir, und ich kann sie sinnvoll beantworten. Das ist ein Privileg heutzutage und ein Glücksfall.

Man muss sich konzentrieren bei dieser Arbeit, klar. Es ist wie beim Autofahren. Auch wenn vieles über Routine und Erfahrung läuft, wie auf Autopilot, so gibt es doch immer wieder Situationen, da muss man voll da sein und schnell, klug und umsichtig reagieren.

Der komplette Prozess meiner Arbeit liegt in meiner Hand. Ich suche das Holz aus, ich mache den Plan, wann was gemacht wird und wann was fertig sein muss. Ich habe den Markt und die Moden im Blick, und doch will ich bei mir selbst bleiben. Ich bin darauf bedacht, mich bei der Arbeit und in der Arbeit zu behaupten. Wichtig war und ist mir, dass ich nach eigenen Vorgaben arbeite.

Es macht mir nichts aus, zehn Stunden zu schleifen. Routine, Wiederholung, einstudierte Abläufe, geläufig wie ein Ritual, auch das gehört dazu. Es macht mir auch nichts aus, dreihundert Stifte hintereinander zu drehen, wenn es sein muss. Bestimmte Arbeiten, wie mehrere gleiche Schalen am Stück drechseln, stellen mich mental schon manchmal auf die Probe. Ausdauer am Werkstück, etwas so lange zu wiederholen, bis es meinen Ansprüchen ohne Abstriche entspricht, das habe ich in meiner Lehre als Formenbauer gelernt. Eine der positiven Seiten dieser nicht immer schönen Zeit. Schlimm war dabei nicht die Arbeit an sich, die hat mir fast immer Spaß gemacht und war sehr interessant. Schlimm war das Fremdbestimmte, und es ist mir noch heute ein Graus. Deshalb mache ich keine Auftragsarbeiten, wenn es sich vermeiden lässt. Wann immer möglich, werde ich das drechseln, worauf ich gerade Lust habe. Natürlich muss ich übers Jahr verteilt gewisse Mengen bestimmter Objekte fertigen. Ich will der Nachfrage gerecht werden, ich muss ja mein Leben finanzieren.

Wenn jemand eine Idee hat, die mir gefällt, dann mache ich ab und zu eine Ausnahme und drechsle ihm das Gewünschte. Mein Tätowierer wollte neulich zwei Griffe für den Lenker seiner Harley-Davidson. Aus Holz sollten sie sein und zum kastanienbraunen Leder seines Sattels passen. Das war technisch gar nicht so einfach, die Maße mussten stimmen, die Befestigung war ein heikles Thema. Ich habe sie aus Bocote, einem exotischen Holz aus Südamerika gedrechselt. Schön sind sie geworden, es hat Spaß gemacht, weil ich meine Freiheit hatte. Er hat gesagt: Mach mal!

Stur nach dem Plan eines anderen arbeiten, das liegt mir nicht. Es widerstrebt mir. Wenn die Leute etwas bei mir kaufen, dann sollen sie es tun, weil es ihnen gefällt. Im Gegenzug bekommen sie ein Stück geformtes Holz, in dem auch ein Teil meiner Persönlichkeit steckt.

Arbeit ist immer auch Arbeit an sich selbst. Es kann dabei immer in unterschiedliche Richtungen gehen. Man kann sich kaputtmachen. Man kann sich aufarbeiten und verschleißen. Man kann aber auch seine Möglichkeiten erkennen, seine Fähigkeiten schärfen und sie ausbauen. Da will ich hin.

Langfristig will ich noch mehr Klasse und weniger Masse. Das bringt, ich gebe es ganz offen zu, nicht nur meiner Persönlichkeit etwas. Ich träume nicht davon, utopische Summen für meine Arbeit zu bekommen: Mir reicht ein ehrlicher Gegenwert für die Qualität. Die wird heute noch nicht immer bezahlt. Wenn ich einmal dasselbe Geld mit zwei Schalen verdienen kann wie heute mit fünf, dann bin ich meinem Ziel schon ein gutes Stück näher gekommen.

Ich genieße meine Arbeit. Das liegt an einigen äußeren, aber auch an persönlichen Faktoren. Zu den Äußerlichkeiten, zu den Rahmenbedingungen zählt sicher die Umwelt, in der ich groß geworden bin und in der ich bis heute lebe. Das Gattermannlehen, so heißt unser Hof, ist seit vierhundert Jahren Sitz der Familie. Ein wenig Landwirtschaft, ein paar Hektar Wald und Wiese. Meine Eltern und meine Oma leben hier, mein Bruder und Nadine, meine Freundin. Das Haus wurde ständig umgebaut über die Jahrhunderte, ein Vorfahr hat einen alten Balken bemalt, er ist Teil unseres Balkons, »1752« steht darauf. Gott sei Dank hat über die Generationen immer jemand in der Familie erkannt, was schön und wertvoll ist.

Eigentlich wird auf dem Hof immer gearbeitet. Meine Oma will, dass ich ihr den Rasenwerfer anwerfe, auch wenn der Rasen sowieso schon raspelkurz ist. Mein Vater fragt, ob's vielleicht morgen passt mit dem Zaunversetzen für die Ochsen. Klar, mach ich. Meine Mutter hat einen Job in Berchtesgaden – neben ihrer Managementtätigkeit auf unserem Hof, der Bürokram ist nicht zu unterschätzen. Nadine steht um halb fünf Uhr in der Früh auf, weil das Licht für das Fotoshooting dann am besten ist. In einer Atmosphäre von Betriebsamkeit kommt keine Langeweile auf. Mal nichts tun? Eher schwer.

Wir wohnen an der Straße, der alten Verbindung zwischen

Bischofswiesen und Berchtesgaden. Auf der Straße ist immer viel Verkehr, leider. Aber das lässt sich verschmerzen, denn wir haben einen der schönsten Bergblicke in den Alpen. Das Motiv hat es sogar auf die Verpackung einer bundesweit bekannten Molkerei geschafft.

Auf der anderen Straßenseite liegt eine Wiese, die gehört uns, zum Glück. Deshalb kann nie jemand auf die Idee kommen, uns diese Sicht zu verbauen. In der Ferne, oft in Wolken eingehüllt, steht der Watzmann. Nicht der höchste, vielleicht aber der schönste Berg in Deutschland. Was mir nicht zuletzt dadurch bewusst wird, dass ständig Touristen bei uns im Vorgarten stehen, um Panoramafotos zu knipsen.

Der Watzmann ist zwar nur ein Berg, in Wahrheit aber Teil eines ganzen Massivs von neun Bergen. Der Sage nach war er ein grausamer König, der zur Strafe versteinert wurde, seine Frau und seine sieben Kinder gleich noch dazu.

Direkt unter meiner Wohnung im Anbau ist der Verkaufsraum, in dem ich meine Arbeiten ausstelle, wo ich aber auch Mathe-Nachhilfe vor allem für Abiturienten gebe. Dahinter die Werkstatt, daneben das Holzlager. Was für eine Location, was für ein Arbeitsplatz!

Meine Werkstatt hat eine Geschichte, sie war schon mal eine Werkstatt – mein Opa hat darin gearbeitet, lange bevor ich geboren wurde. Er war Schreiner, aber er war nicht Chef im eigenen Haus. Ein Schreinermeister hatte den Anbau gemietet, mein Opa, der Hausherr, war nur sein Geselle.

Es ist eine komplizierte Familiengeschichte mit dem Opa, und an ihr zeigt sich, dass es das Idyll nicht gibt. Heute würde man sagen: Er war alkoholkrank. Bei uns hieß es, er hat sich totgesoffen. Er hat seine Frau, meine Oma verlassen. Seinetwegen musste sein Sohn, mein Vater, schon mit zwanzig den Hof übernehmen. Man hat nicht so viel von ihm geredet bei uns. Es gibt ein Foto von meiner Taufe, da sitzt er dabei, schon aufgedunsen. Ich habe ihn nie kennengelernt. Aber seitdem ich mit Holz arbeite, interessiert er mich. Sein Gesellenstück, eine Kommode, steht noch bei uns auf dem Hof. Manchmal schaue ich sie mir an. Über seine Arbeiten habe ich eine emotionale Verbindung zu ihm. Er hat seinen Platz in meinem Leben. Ich wüsste gerne mehr vom Opa, und ich bin ihm ein bisschen dankbar, weil ich von ihm meine Liebe zum Holz geerbt habe. Das sagt zumindest meine Oma.

Die Umgebung schafft eine Atmosphäre, einen Rahmen, sie beflügelt. Und sie kommt meiner Persönlichkeit zugute. Ich knie mich gerne in die Materie hinein, das ist schon länger ein Erfolgsrezept von mir. Es ist mein Ehrgeiz, gut zu sein, es bringt mir Befriedigung, etwas zu durchdringen. Eine neue Technik gelernt zu haben macht glücklich. Daran arbeite ich, und deshalb arbeite ich gern.

Ich bin ernst, kann bei der Sache bleiben, bin konzentriert. Und dabei bin ich offen für Neues, für Experimente. Sich für etwas begeistern können, Interesse zeigen, Feuer fangen – ohne Leidenschaft geht nichts.

Kreativ sein ist wichtig. Aber verstehe ich mich als Künstler? Ich betrachte den Kunstbetrieb ziemlich skeptisch. Beim Betrachten mancher Werke geht mir oft der Spruch durch den Kopf: »Everybody is so fucking talented these days.« – »Jeder ist so verdammt talentiert heutzutage.« Es stellt sich aber heraus, dass nicht jeder dazu bestimmt ist, ein Wissenschaftler zu sein. Nicht in jedem steckt ein Bestsellerautor, und in nur wenigen ist ein Künstler.

Ob ich einer bin? Ich frage mich eher, ob ich überhaupt einer sein will. Der heilige Franz von Assisi, der mit den Tieren sprach, der also viel von Natur verstanden haben muss, soll einmal gesagt haben: »Wer mit den Händen arbeitet, ist ein Arbeiter. Wer mit den Händen und dem Kopf arbeitet, ist ein Handwerker. Und wer mit den Händen, dem Kopf und dem Herzen arbeitet, der ist ein Künstler.« Das gefällt mir, da finde ich mich wieder.

Im Englischen nennt man Leute wie mich auch »Maker«, »Macher«. Das finde ich eine sehr schöne und passende Bezeichnung.

In unserem Vorgarten steht eine Holzskulptur mit Motiven des heiligen Franz von Assisi. Eine Meisterarbeit von der Schnitzschule, gefertigt von einem Freund meines Vaters. Über zwei Meter hoch, dennoch sehr grazil und elegant. Kein Alpenkitsch. Ich schaue immer wieder gerne hin.

Ich stehe im Dialog mit dem Holz. Mit ihm muss ich mich verständigen, manchmal muss man sich ihm unterwerfen, ansonsten bin ich frei. Ich arbeite in meinem eigenen Tempo, nach meinen eigenen Plänen. Die Arbeit ist eine Chance, eine Verantwortung. Das ist eine Form der Freiheit, die ich über alle Maßen schätze.

Heute bin ich, ist meine Arbeit nicht mehr der Willkür anderer ausgesetzt. Diesen Zustand der totalen Abhängigkeit, den kenne ich auch. Als ich noch für andere gearbeitet habe und nicht für mich selbst, als ich noch nicht selbstständig war, da war ich abends einfach nur fertig. Die Gedanken kreisten: Wann ist das nächste Mal Urlaub? Um neun Uhr morgens der erste Blick zur Uhr: Wie lange muss ich noch?

Das ist vorbei. Heute schaue ich auf die Uhr und rechne nach: Wie lange darf ich noch? Auch im Urlaub gehe ich manchmal drechseln. Wie sagt Konfuzius: »Wähle einen Beruf, den du liebst, dann brauchst du keinen Tag in deinem Leben mehr zu arbeiten.«

Am Rand unserer Weide hat die Familie ein kleines Stück Wald und etwas weiter noch ein größeres, sieben Hektar insgesamt. Hier gibt es immer genug Material, wenn ich mal Holz brauche. Die eigenen Ressourcen sollen möglichst geschont werden. Es gibt heutzutage viele Möglichkeiten, um an Holz zu kommen, vielleicht sogar zu viele. Aus welchen Gründen auch immer: Es werden mehr Bäume umgeschnitten als nötig. Hier, wo jeder jeden kennt, da denken sie schon an mich, wenn sie einen Baum haben, der weg soll. Bekannte, Baumpfleger, die Gemeinde: Sie rufen von sich aus an. Es ist nicht immer das Richtige dabei, aber oft komme ich so an große und kleine Schätze.

Vielleicht denkt jetzt jemand: Den ganzen Tag in Holzspänen wühlen – wie erfüllend kann das sein? Ist das nicht auf Dauer eintönig? Keineswegs. Zum einen ist Holz der wunderbarste Werkstoff, den man sich denken kann. Der Geruch, die Strukturen, die unterschiedlichen Maserungen, die unterschiedliche Härte, das Raue, das Glatte, die Formen, die Farbe: Alles findet sich im Holz.

Und nichts an ihm bleibt, wie es ist. Ein Freund von mir hat einmal einen fünfzig Jahre alten Rundling gedrechselt. Der lag Jahrzehnte auf einem trockenen Dachboden. Als die Schalen fertig waren, haben sich seine Objekte sofort verzogen. Die Feuchtigkeit hatte sich ein halbes Jahrhundert im Stamm gehalten.

Meine Arbeit ist ein Prozess, den ich steuere. Ich könnte auch Tischbeine oder Geländer drechseln. Aber dann wäre meine Arbeit wieder nur ein Teil eines größeren Ganzen, ich wäre ein Rädchen im Getriebe. Und das will ich nicht mehr sein. Die Arbeit an einer Schale zieht sich über Wochen hin – wenn es schnell gehen muss. Es kann aber auch Jahre dauern. Auch das kann ich steuern. Im Lager liegen rund vierzig Holzsorten. Darunter sind an den Stirnseiten gewachste Eiben-Rundlinge, beispielsweise. Die müssen vier bis fünf Jahren liegen, bis man sie verarbeiten kann. Sie sollen in aller Ruhe trocknen, denn Eibe ist eines der wenigen Hölzer, die man auch als ganzen Stamm ohne größere Risse trocknen kann. Eiche muss ähnlich lange lagern, aber unter völlig anderen Bedingungen. Nicht vorgeschnitten, sondern am Stück. Wenn sie richtig im eigenen Saft schmort, bis der Splint – das ist der helle äußere Teil des Holzes – verfault ist, dann hat das Holz die richtige Konsistenz, es lässt sich dann schneiden wie Butter. Und es lässt sich leichter trocknen.

Andere Hölzer lagern nur Wochen bis zur Verarbeitung – und wehe, man wartet zu lange! Sie haben alle ihren Zeitpunkt, es gibt für jeden den richtigen Moment. Plötzlich, von einer Nacht auf die andere, reißen sie. Oder sie sind zu marode, um sie noch zu drechseln. Das heißt: Ich muss aufmerksam sein, ich kann nicht einfach warten und nichts tun, ich muss mich kümmern um meine Arbeit, um meine Rohstoffe, bei jedem Schritt.

Neben der Werkstatt, dem Lager und dem Wald gibt es noch den Stadl als vierten Arbeitsplatz im Haus. Hinter alten Bretterwänden finden sich Maschinen, Werkzeuge, die Motorsäge. Heu liegt dort oben, Futter für die Kühe. Mein Vater nennt die Tiere »meine Buam«. Weder mein Bruder noch ich sind beleidigt.

Der Stadl ist der Platz, an dem ich mein Holz zuschneide. Hier hängt der Heukran, mit dem ich auch die Stämme bewegen kann. Hier schneide ich mit der Motorsäge Stücke vom Stamm wie dicke Scheiben von einer Salami. Nur sind meine Hölzer viel mächtiger. Die Länge der Stücke richtet sich nach dem Durchmesser der Schalen, die ich drechseln will.

Im Stadl ist gerade wenig Platz. Stapel rötlicher Eschen-Scheiben blockieren den Boden. Nach dem Schnitt hat die Feuchtigkeit aus dem Holz die Plastikfolie beschlagen lassen, in der sie jetzt eingeschlagen sind. Es soll nicht passieren, dass sie nach dem Zuschneiden reißen. Dann wären sie reif für den Brennofen.

Rot ist das Holz, weil der Holzsaft mit dem Luftsauerstoff

reagiert. Später, nach dem Drechseln und Schleifen, bekommt es wieder seine typische helle Farbe. Als Nächstes werden Rohlinge daraus – grob gedrechselte Schalen, die erst nächstes Jahr weiterverarbeitet werden.

Ich kann mir jetzt schon vorstellen, wie ich vorgehe, wo welche Maserung sein wird. Ich muss im Holz lesen. Oft sind es intuitive Entscheidungen, die auf die richtige Spur führen. Man entwickelt ein Gefühl dafür. Kann ich mich immer darauf verlassen? Nein. Manchmal macht man auch Fehler. Aber auch das ist ein Lernprozess – beim nächsten Mal wird's besser. Versuch und Irrtum, learning by doing. Wenn man mit Enttäuschungen umgehen kann, ist das eine der besten Lernmethoden.

Eine schwere Arbeit ist das in der Scheune. Im Hochsommer heizt sich das dunkle Holz der Wände auf, die Sonne scheint durch die Spalten. Es ist schweißtreibend, mit der Motorsäge, mit der Bandsäge, an der Drechselbank. Im Stadl messe ich aus, was drin ist im Stamm – durchaus auch nach dem Gesichtspunkt, was ich brauche. Denn bei aller Freiheit, die mir meine Selbstständigkeit gibt: Ich will meine Produkte auch verkaufen, und so muss ich doch immer mal wieder mein Lager durchforsten und sehen, was fehlt und nachproduziert werden muss.

Diese Arbeit ist ein Ganztagesjob, nichts für zwischendurch. Mal einfach für eine Stunde in die Werkstatt gehen, das geht nicht. Erstens ist man binnen kürzester Zeit voller Staub und Späne. Das heißt, man kleidet sich vorher richtig ein und geht nachher trotzdem gründlich duschen. Und zweitens brauche ich immer eine Stunde, um in den richtigen Flow zu kommen. Das Werkzeug muss geschliffen, die richtigen Spannfutter für das Werkstück aufgeschraubt werden. Allein für die Vor- und Nachbereitung geht viel Zeit drauf. Richtig produzieren geht nur ab vier, fünf Stunden. In der Zeit kann man sich hineindenken in sein Material, in seine Idee, in sein Stück. Ich muss mich in das Holz einfühlen, physisch und psychisch richtig an meinem Arbeitsplatz ankommen. Es gibt auch Tage, an denen klappt das nicht richtig.

Will man in den Profibereich vorstoßen, dann braucht es auch eine Stange Geld. Meine Maschine hat um die 7500 Euro gekostet, mittlere Preisklasse. Das ist viel Geld einerseits, andererseits aber ist es wieder günstig. Hätte ich mich fürs Schreinern entschieden, wäre es viel teurer geworden. Als Drechsler brauchst du im Wesentlichen nur eine Maschine, die Drechselbank, als Schreiner brauchst du fünf, sechs teure Profimaschinen, bevor du richtig arbeiten kannst.

Aber auch wenn es für alles die richtigen Werkzeuge und Maschinen gibt: Nichts kann den richtigen Blick ersetzen. Wo liegt die Schale oder die Dose im Holz? Wo sind die Herausforderungen und die Möglichkeiten im Werkstück? Die falsche Entscheidung, und wo das Potenzial zu einer perfekten Schale war, entsteht nur eine mittelmäßige. Alle Versuche, das nachträglich zu korrigieren, sind verzweifelt und meistens nutzlos. Nach dem Motto: »Dreimal abgeschnitten und immer noch zu kurz«, ist mir das auch schon passiert. Ich sammle Erfahrungen. Sie sind unersetzlich, aber sie sind nicht alles.

Es gibt einfach Sachen, die kannst du nicht lernen. Bis zu einem gewissen Punkt kann man vieles mit Ehrgeiz schaffen, aber irgendwann braucht man auch Talent.

Jeder kann Klavier spielen lernen, aber deshalb wirst du kein Mozart. Ich habe zwölf Jahre Gitarre gespielt, aber groß was daraus geworden ist nicht. Es gibt Leute mit Formengefühl und solche, die haben es nicht. Viele Lehrer lehren den Goldenen Schnitt und andere Gestaltungsregeln. Manchen hilft das auch, aber das hat Grenzen. Seine Grenzen erkennen und damit leben: Das ist ein Reifeprozess, den jeder durchlaufen muss. Bei mir war es ein besonders schwieriger Prozess.

Es hat geholfen, sich mit ein paar Unabänderlichkeiten, man kann auch sagen: mit Grenzen abzufinden. Oder wie Albert Einstein sagt: »Man muss die Welt nicht verstehen, man muss sich nur darin zurechtfinden.«

Das ist mir nicht immer leichtgefallen, vor allem, weil ich zu einer gewissen Hartnäckigkeit neige, man kann auch sagen, zu einem gewissen Perfektionismus. Aber auch für meine Arbeit hat das Genie einen passenden Spruch. Einstein fordert zwei Dinge: »Unermüdliche Ausdauer und die Bereitschaft, etwas, in das man viel Arbeit und Zeit gesteckt hat, wegzuwerfen.« Klingt locker, ist aber oft verdammt schwer.

Nach dem groben Vorschneiden und Filetieren der Bäume im Stadl kommen die so entstandenen eckigen Holzstücke ins Holzlager, wo die Bandsäge steht. Dort werden sie rundgesägt, um später beim Drechseln Zeit zu sparen. Gleich im Anschluss werden die Rundlinge noch im nassen Zustand auf der Drechselbank aufgespannt. Dort bekommen sie schon mal eine ungefähre Schalenform. Feuchtes Holz lässt sich viel leichter verarbeiten als trockenes.

Ist diese Arbeit erledigt, kommen die Rohlinge zurück ins Holzlager, wo sie luftig aufgestapelt und mindestens für Monate, vielleicht sogar mehrere Jahre liegen und getrocknet werden. Vorgedrehte Rohlinge trocknen bis zu fünf Mal schneller als Holzbohlen.

Nach dem Trocknen beginnt beim Drechseln eine spannende Phase. Die Rohlinge sind ins Ovale verzogen, die Spannungen im Holz haben sich entladen. Aber die runde Form ist das Ziel.

Mit den getrockneten Rohlingen geht es in die Werkstatt, jetzt rotiert wieder die Maschine, und ich tauche tief ein in meine Welt. Jeder Span, der fliegt, tut meiner Seele gut. Irgendwann werden die Partikel immer kleiner. Mindestens zehn verschiedene Schleifpapiere, von der groben 80er Körnung bis zum hauchfeinen 1500er Papier nehmen die letzten Unebenheiten und Bearbeitungsspuren vom Werkstück. Staub ist in der Werkstattluft, die Absauganlage läuft auf Hochtouren, das Gefühl der makellosen Oberfläche verschafft ein Gefühl der Zufriedenheit.

Es hat lange gedauert, bis ich eine gesunde Form von Perfektionismus gefunden habe. Es fiel mir lange schwer, meinen eigenen Qualitätsansprüchen gerecht zu werden. Mittlerweile gibt es einen Punkt, an dem ich loslassen, meine Arbeit aus der Hand legen kann. Einen Punkt, an dem ich zufrieden bin und sage: gar nicht mal schlecht! Ich kann drei Stunden mit dem 1500er Schleifpapier arbeiten, da ist die Gefahr nicht mehr so groß, dass ich zu viel wegnehme. Trotzdem kommt es auf den richtigen Moment an. Man muss wissen, wann es Zeit ist zum Aufhören.

Eine Schale, bei der zu wenig weggenommen wurde, die ist nicht schön. Eine Schale, an der ich auch nur einen Hauch zu viel weggedrechselt habe, die ist reif für den Ofen. Es ist eine Sache von Haaresbreiten. Anfänger machen oft den Fehler, von einem schönen Stück Holz immer möglichst viel erhalten zu wollen. Aber was hilft das schönste Holz, wenn die Form nicht gut ist?

Nach dem Schleifen kann ich mit dem Ölen beginnen. Hartwachsöl, Hanföl, manchmal auch selbst gemixte Wachsmischungen bringen das Stück der Vollendung näher. Und wieder ist es ein Geduldsspiel. Bis zu drei Monate dauert es beispielsweise, bis das besonders lebensmittelechte Mohnöl getrocknet ist.

Geduld ist eine Form von Respekt, und Respekt ist ein wichtiger Teil von Arbeit. Respekt gebührt dem Wald, dem Holz und dem Handwerker. Meine Arbeit ist es oft im Wesentlichen, den Rohstoff mit den richtigen, den kundigen Augen anzuschauen. Je mehr das Holz zu bieten hat, desto weniger muss ich machen. Schönes Holz braucht nur eine schöne Form. Manchmal denke ich sogar, alles, was wir mit Holz anfangen, macht es nur hässlicher. Was die Natur hervorbringt, kann man nicht besser machen. Ich kann nur gestalten, variieren, improvisieren in meiner Musik der Stille.

Arbeitseinblick: die Drechselmaschine

Mostafa prüft kurz das längliche Holzstück zwischen seinen Fingern. Er umwickelt es mit einer Bogensehne, einmal. Er spannt das Holz an den Stirnseiten zwischen zwei Spitzen. Befestigt sind sie an Reit- und Spindelstock im Bankbett, einem Gestell, das am Boden vor ihm steht. Die Sehne hat er jetzt auch am anderen Ende des Bogens befestigt. Geigt er hin und her wie mit einem Geigenbogen, dreht sich das Holz im Gestell um seine Längsachse.

Mostafa sitzt am Boden. Er trägt Jeans und Sweatshirt, aber die Szene in der Straßenwerkstatt von Marrakesch hätte sich so auch vor zweitausend Jahren zutragen können. Das Drechseln ist eines der ältesten Handwerke der Welt. Mostafa Dnouch führt einen Drehstuhl vor, wie er schon in der Antike benutzt wurde.

So alt die Technik ist, so spektakulär wirkt, was der marokkanische Drechsler in den nächsten Minuten vorführt. Mit einem rasiermesserscharfen Meißel modelliert er aus dem groben Werkstück den König eines Schachspiels. Es sieht so leicht aus! Mit der rechten Hand führt er den Bogen, mit der linken bewegt er das Drechseleisen, das er über die Handauflage ans Werkstück führt – mit den Zehen seines rechten Fußes! Am Ende des Youtube-Videos präsentiert er eine

Figur mit einem frei drehenden Bauchring und jeder Menge Verzierungen.

Das Prinzip des Fiedelbogens hat schon den Menschen der Steinzeit beim Feuermachen geholfen. In den Möbeln in der Grabkammer des Tutanchamun fanden sich Löcher, die mit dieser Technik gebohrt wurden. Um die Zeitenwende entdeckten die ersten Drechsler die Technik. Die hat für unseren Beruf aber einen Nachteil: Das Holz dreht je nach Bogenbewegung mit oder gegen den Uhrzeigersinn. Der Handwerker kann das Stück aber nur in der Richtung bearbeiten, in der sich das Holz dem Werkzeug entgegendreht. Das Problem haben auch die Wippdrehbänke, die man gelegentlich auf den Mittelaltermärkten beobachten kann.

Die Lösung hatte ein gewisser Leonardo da Vinci. Seine gekröpfte Welle – der Vorläufer der Kurbelwelle – ermöglicht in Verbindung mit Schwungrad und Pedalantrieb die Drehung nur in der gewünschten Richtung. Das Spinnrad oder Urgroßmutters Nähmaschine funktionieren nach demselben Prinzip. Anfangs musste der Lehrbub oder der Handwerker selbst die Welle antreiben, später übernahmen Dampfmaschine und Elektromotoren den Job.

Und heute ist es so wie überall: Dort, wo industriell Säulen und Geländersprossen, Stuhl- oder Tischbeine gedrechselt werden, machen Computerprogramme den Großteil der Arbeit. Der Kunde beim Treppenbauer sucht sich eines von fünftausend Mustern aus, bestellt und bekommt Treppensprossen, die sich bis auf den Zehntelmillimeter gleichen. Spielraum für Individualität gibt's nicht. Mit der Hand arbeiten nur noch wenige: die kunsthandwerklich ehrgeizige Drechselgemeinde, Mostafa Dnouch im Souk von Marrakesch und ich.

2 Im Bergwald

Rot und Beige, Gelb und Ocker, Braun und Dunkelgrün, das alles hinter einem feinen Schleier aus milchig-weißen Schwaden. Von den Blättern der Laubbäume tropft das Nass aus den Wolken. Es kann sich nicht entscheiden: Ist es noch Nebel oder schon Sprühregen? Ein farbiger Oktobertag im Bergwald. Keine Wanderer, keine Mountainbiker sind heute unterwegs. Es könnte ein paar Grad wärmer sein, aber das gehört zum Herbstgefühl dazu, dass es schon mal kalt wird. Nur so stimmt die Harmonie. In die Hitze des Hochsommers würden diese Farben nicht passen.

Es riecht ganz besonders – nach Pilzen, nach Tannennadeln, nach Moos und nach feuchter Erde, nach reifen Früchten und morschem Holz. Der Weg geht hoch hinter dem Gattermannlehen, unserem Hof gegenüber dem Watzmann. Der knirschende Kies führt an einem denkmalgeschützten Hof vorbei, der Hofhund begrüßt uns. An der nächsten Biegung auf einem Reisighaufen tanzen ein paar Zaunkönige. Winzig kleine Vögel sind das, die meist zu viert oder zu fünft wie kleine Mäuse durchs Unterholz huschen. Obwohl keine gefährdete Art, sind sie doch sehr selten zu sehen. Ihr knatterndes Gezwitscher klingt, als würden sie immer über irgendwas schimpfen. Das passt so gar nicht zu ihrer zierlichen

Erscheinung. Ich weiß, dass mich diese Beobachtung heute noch einige Male lächeln lassen wird. So ist das jedes Mal, wenn ich irgendein seltenes Tier, einen besonderen Baum oder eines der vielen kleinen oder großen Wunder der Natur sehe.

Wir steigen weiter in den Dunst. Am Wegesrand hat der Nachbarsbauer Holz gelagert. Dunkel, fast schwarz ist es, als würde es da schon seit Jahren liegen. Aber es sind nur einige Monate vergangen, seit die Stämme der Motorsäge zum Opfer gefallen sind. Im Frühjahr hat die Gemeinde entschieden, kein Risiko mehr einzugehen, und alle irgendwie verdächtigen Bäume umgeschnitten. Es hatte zuvor ein paar Stürme gegeben und einen Unfall mit einem umgestürzten Baum. Da hat die Gemeinde reagiert.

Die besten Stämme habe ich mir damals gleich gesichert und gekauft, sie sind schon zu Rohlingen für Schalen verarbeitet. Hier am Weg erkennt man an der Rinde und an der Maserung, dass es Eschen und Buchen sind. Nicht alle sind ausgehöhlt, morsch und erkennbar krank, aber alle sind tropfnass.

Auch wenn es im Überfluss da zu sein scheint: Wasser ist kostbar im Bergwald. Man hört es, man sieht es, man schmeckt es. Es ist allgegenwärtig. Selbst das Wasser aus den Leitungen daheim kommt aus unserem Wald. Wir verlassen uns darauf, dass es absolut sauber ist. Nichts und niemand kann unter normalen Umständen unser Wasser verschmutzen. Die Höhe und die Lage bilden einen natürlichen Schutzraum. Selbst die Kühe kommen nicht mehr ins Einzugsgebiet, und wenn das einzelne Reh mal reinpieselt, fällt das nicht weiter ins Gewicht.

Es knirscht unter den Fußsohlen, scharfkantige Steine, Splitter von rot-weißem Marmor, der nur im Regennass seine Farben spielen lässt. Die meisten Steine sind schlicht hell vom Kalk. Kalkhaltig ist auch das Wasser – kalkhaltig und sehr hart. Nichts für empfindliche Wasch- und andere Maschinen, aber für mich ist es das beste Wasser der Welt.

Das Wasser ernährt alles. Große Bäume und kleine Flechten, alltägliche Fichten und seltene Pflänzchen. Der Spaziergänger mag nur ein paar gewöhnliche Blättchen sehen, tatsächlich sind es Alpenveilchen, die im März wunderbar blühen und die Wegränder zieren. Die Matten und die Moose unter den Bäumen sind voll von schlafenden Schönheiten. Ostergras sagen wir zu dem weichen sternförmigen Moos, weil wir daraus früher Osternester gebastelt haben. Zur Schneeschmelze blühen hier überall Schneerosen, im Moment kann man sie nur an ihren typischen Blättern erkennen. Neben einem morschen Baumstamm wachsen einige Flaschenbovisten, Verwandte des Champignons. Als Kinder sind wir im Herbst immer auf sie getreten, sie sind dann aufgeplatzt, und ihre olivgrünen Sporen haben sich verteilt. Okay, ich geb's zu, ich mache das auch heute noch!

Für solche Details interessiere ich mich, schon immer. Hab ich einmal den Namen einer Pflanze, eines Vogels, eines Holzes gehört, dann merke ich ihn mir. Es ist ein Geschenk, wenn man die Bäume, die Blätter, die Nadeln, die Farne und Moose lesen kann. Für andere bin ich wohl ein Großmeister im Sammeln von unnützem Wissen, ich bin jedoch dankbar für diese Gabe, auch wenn ich im Gegenzug zwanzig Jahre brauchte, um mir merken zu können, dass man Name nicht mit »h« schreibt.

Es gibt ein Stück in unserem Wald, das unterscheidet sich auf den ersten Blick nicht vom Areal außen herum. Aber da ist kein Baum älter als dreißig Jahre. Bis dahin standen hier die Fichten, aus denen der Urgroßvater und der Großvater unseren Dachstuhl gezimmert haben. Sie haben das Holz geschlagen, mit Pferden und später mit dem Bulldog runtertransportiert. Eine unglaublich mühevolle Arbeit. Geholfen hat ihnen meine Oma, die hat dabei schwerer gearbeitet als heute mancher Mann.

Danach wurde wieder aufgeforstet, und heute erkennt nur der Fachmann, dass hier abgesehen von zwei riesigen Kiefern nur Junghölzer stehen. Fichten, Tannen und etwas Gestrüpp. Kiefern, vor allem so hochgewachsene, sieht man bei uns nicht oft, aber es gibt immer wieder Charaktere, die sich durchsetzen. Das ist im Wald wie in der Gesellschaft. Man sieht auch hier: Nicht jeder muss sich durchsetzen oder groß machen, um existieren zu können. Manchen genügt eine Nische oder ein kleines Plätzchen, um gedeihen zu können.

Es gibt kein Anfang und kein Ende im Wald. Die Menschen, die mit ihm zu tun haben, die wissen und spüren das.

Der Wald tut mir immer gut. Früher schon, als es mir schlecht ging. Vor allem aber jetzt, wo es so positiv läuft für mich, mit dem Drechseln, mit der Bekanntheit. Wo so viele anerkennend nicken und doch sagen: Pass auf, dass du nicht abhebst!

Daran musste ich neulich denken. Da habe ich dem Vater geholfen beim Zaunreparieren für die Kühe. Und da stand ich – in meiner Jogginghose, mit Kuhdreck an den Schuhen – und dachte mir: Wo ist sie jetzt, die Gefahr, dass ich abhebe?

Auf dem Boden bleiben, das ist unheimlich wichtig. Vor allem in einer Zeit, in der die Entfremdung der Menschen in ihrer Arbeit, aber auch von ihren Lebensgrundlagen so stark ist. Wenn die Leute Schweinsbraten essen und das nicht mehr mit dem Tod eines Tiers in Verbindung bringen, dann kann etwas nicht stimmen. Wenn man Fleisch isst, dann ist das für mich in Ordnung. Aber niemand sollte vergessen: Dafür ist ein Tier gestorben, und das hat jemand getötet.

Bodenständig ist heute ein seltsamer Begriff. Aber der Boden gibt Kraft. Ich meine das gar nicht esoterisch. Erdverbundenheit ist ja nicht nur der Kontakt mit dem Untergrund, es ist ein ganzheitliches Leben, eine ungefilterte Kommunikation mit der Umwelt. Bodenständigkeit umfasst auch die Motivation, die so ein Leben gibt.

Wenn ich an meine Vorfahren denke, was die gearbeitet haben – bis ins hohe Alter, ich hätte das nicht gekonnt. Aber die wurden nie gefragt, ob sie jetzt in den Stall hinaus wollten, wenn das Kalb auf die Welt kam; ob sie den Weidezaun reparieren wollten, weil die Kühe sonst abhauen würden; ob sie den Baum fällen wollten, weil er vom Borkenkäfer befallen war. Es gab einfach keine Frage. Sie mussten es tun, es war wirklich alternativlos. Heute in der modernen Welt haben wir scheinbar unendlich viele Freiheiten und Wahlmöglichkeiten. Aber man muss seine Wahl auch treffen und mit seiner Entscheidung leben. Das ist gar nicht so einfach, und viele scheitern daran.

Je mehr ich zur Ursprünglichkeit zurückgehe, desto mehr Kraftquellen finde ich. Hier oben im Wald gelingt mir das besonders gut.

Mein Vater hat bis vor Kurzem felsenfest vorgehabt, die Landwirtschaft endgültig aufzugeben. Aber jetzt, wo's so weit wäre, macht er plötzlich einen Rückzieher. Er kann sich nicht trennen – nicht von seinen fünf Kühen, nicht von der Arbeit. Es gibt immer noch was zu tun.

Ich kann den Vater verstehen. Es ist schwer loszulassen. Und ich verstehe ihn, weil ich merke, wie ich selbst reinwachse in diese Art zu leben.

Nicht dass der Hof eine echte Alternative zum Drechseln wäre. Bäuerliche Landwirtschaft ist eine Lebenseinstellung im 21. Jahrhundert, kein Businessmodell. Ein paar Kühe, ein Fleckchen Weide, sieben Hektar Wald, das lohnt sich schon lange nicht mehr. Den Lebensstil muss man sich leisten können – und wollen. Wenn man dann noch ein denkmalgeschütztes Bauernhaus hat, sollte man auch noch mit den Experten vom Denkmalschutz klarkommen. Keine ganz einfache Sache. Aber ich hoffe, dass ich in ein paar Jahren dieselbe Begeisterung habe wie mein Vater. Ich merke: Sie wächst.

Die Natur ist stark, und sie holt sich ihr Recht. Andererseits nehmen sich die Menschen seit Jahrtausenden das Recht, in die Natur einzugreifen. Es ist naiv, das aus Prinzip zu verurteilen.

Ein Beispiel: Die Almwiesen mit ihren Bergblumen, die wir so gerne sehen, die sogar die Milchtüten und die Werbung zieren, die gäbe es gar nicht ohne die Eingriffe der Bauern.

Irgendjemand hat diese Flächen vom Wald befreit. Ohne das Tun der Menschen hätten wir halt Wald hier oben und sonst gar nichts. Klar, wir sehen es beinahe täglich in den Nachrichten. Regenwaldabholzung, Versteppung, Zerstörung von Lebensräumen. Das ist unerträglich, auch für mich. Aber es gibt eine Koexistenz, von der beide profitieren. Es gibt einen Mittelweg. Den zu finden fällt heute vielen schwer. Es regieren die Extreme. Zwischen falsch verstandenem Naturschutz und absoluter Profitgier bleibt der gesunde Menschenverstand oft auf der Strecke.

Ein schönes Beispiel sind die spektakulären Tierbefreiungen der vergangenen Jahre. Gut in Erinnerung ist mir die Aktion, wo jemand viertausend Nerze aus einer Pelzfarm »befreit« hat. Mit dem Resultat, dass die Nerze sich nicht nur über die frei laufenden Hühner der Bauern in der Gegend hergemacht haben. Die ganze heimische Tierwelt wurde durch die befreiten Räuber schwer geschädigt.

Der deutsche Wald, da klingt schon viel mit. Viele Leute hätten am liebsten einen unberührten, urwüchsigen Urwald. Der ist schön, ob am Amazonas oder hier bei uns. Aber Eingriffe in die Natur und in den Wald sind Teil der Menschheitsgeschichte. Für mich ist eine Kombination aus nachhaltiger wirtschaftlicher Nutzung und ausreichend großen Schutzgebieten ein guter Kompromiss.

Wie stark die Natur ist, kann man auch hier bei uns sehen. Als die Salzbergwerke für den Reichtum der Region sorgten, da brauchte man Brennholz für die Salzgewinnung. Von der damals übermäßig starken Nutzung ist heute nichts mehr zu erkennen.

Zu meiner Lieblingsstelle wandere ich fast eine Stunde. Es geht links steil hoch, es geht rechts steil hinunter, moosbewachsene Steine, ausgehöhlte Baumstümpfe, die bei der leichtesten Berührung zerfallen. Auf einem Steinpilz tummeln sich zwei Feuersalamander. Eine langsame, eine träge, eine würdevolle Sache. Sie lassen sich Zeit.

Hier steht unsere letzte Ulme, deren Holz übrigens auch Rüster genannt wird. Ganz düster, wie eine Säule, von Efeu umrankt. Es geht den Ulmen generell nicht gut in Deutschland, ein Pilz, der eingeschleppt wurde und durch den Ulmensplintkäfer verbreitet wird, hat die Ulmen stark dezimiert. Die Bergulme, wie die unsere eine ist, steht am Rande des Aussterbens. Nebenan ist eine Fichte entwurzelt, sie lehnt noch an den Nachbarbäumen, ein Mahnmal der Vergänglichkeit. Alles scheint still, und doch ist alles in Bewegung.

Man kann sie sogar sehen, die Bewegung. Vor mir liegt ein Baum mit Drehwuchs. Weil er schon so lange daliegt und die ganze Rinde verschwunden ist, sieht man die Struktur besonders schön. Der Stamm hat sich über die Jahrzehnte seines Lebens mehrmals um die eigene Achse gedreht, bis er starb und irgendwann umfiel. Jetzt liegt er da und sieht aus, als hätte jemand ein riesiges Handtuch zum Auswringen gedreht. Eine gigantische Spirale. Einem Bildhauer wie Bernini, der den Papstaltar im Petersdom schuf, hätte die alte Tanne ein Vorbild sein können.

Bäume wachsen nach dem Licht. Und wenn sich die Situation des Baumes verändert, weil einer oder mehrere Nachbarbäume verschwunden sind, dann stellt sich der Baum auf die neue Situation ein. Vielleicht begann er deshalb, sich zu drehen. Es gibt sicher eine wissenschaftliche Erklärung. Aber manchmal sieht Holz einfach nur verwunschen, verzaubert aus.

Gleich ums Eck steht eine von zwei größeren Eiben in unserem Wald. Die stillen Stars, total unscheinbar eigentlich, aber fast unsterblich. Die eine ist mindestens hundertfünfzig Jahre alt. Sie wachsen nur wenige Zentimeter im Jahr. Der ganze Baum bis auf die rote Samenkapsel ist giftig, fünfzig Gramm der Nadeln sind tödlich für den Menschen. Früher standen Eiben auf Friedhöfen, sie galten schon den Kelten als Todessymbol. Und wenn die Pferde vor dem Leichenwagen von den Eiben knabberten, dann kam es schon mal vor, dass sie wenig später tot umfielen. Angeblich sind die Wildtiere im Wald immun gegen das Gift.

Die geschützten Eiben haben in früheren Zeiten Kriege entschieden und Reiche zerstört. Das älteste Eibenholzfundstück ist eine Lanzenspitze aus England. Sie ist dreihunderttausend Jahre alt. Aus Eiben waren die legendären Longbows, die Bögen der berühmten englischen Bogenschützen. Schon 1066 bei Hastings soll Wilhelm der Eroberer Longbows bei der Invasion Englands eingesetzt haben.

Weil man aus Eiben so hervorragende Bögen machen konnte – sie waren jeweils aus einem Stück Holz gefertigt –, erreichten die Waffen in England sagenhaften Ruhm. Lange war Gesetz, dass jeder Mann einen Bogen und zwei Pfeile im Haus haben musste zur Verteidigung der Insel. Als dieser Befehl mit dem Aufkommen der Musketen wertlos geworden war, gab es nicht nur in England, sondern auch in Deutschland und weiten Teilen Kontinentaleuropas fast keine Eiben mehr. Alle abgeholzt für Englands Longbows. Die Zeit ist auch über diesen Trend hinweggegangen, aber die Eiben sind selten geblieben. Heute haben wir hier, oberhalb des Gattermannlehens, einige wenige kleine und eben zwei große.

Eibenholz ist übrigens ein wunderbares Drechselholz. Vor einigen Jahren habe ich nach einem Sturm eine entwurzelte Eibe bekommen, von der ich noch immer zehre. Für mich ist das Holz so kostbar, dass ich jedes Jahr nur ein bis zwei Schalen daraus fertige. Bei der Arbeit an solchen Stücken ist die Anspannung immer besonders groß. So mag sich auch der Edelsteinschleifer fühlen, wenn er einen Rohdiamanten in die Finger bekommt. Man möchte dem Wert des Rohlings gerecht werden.

Die Wolken und die Feuchtigkeit dämpfen alle Geräusche, deshalb hört man konzentrierter hin, und vielleicht sind die Klänge deshalb so intensiv. Ich höre Kuhglocken. Das freut mich immer. Für Nadine und mich gibt es nichts Schöneres als das Geräusch entfernten Gebimmels auf den benachbarten Wiesen beim Einschlafen. Aber wir leben in einer Zeit, wo Gerichte den Bauern aus Lärmschutzgründen Kuhglocken verbieten. Leute ziehen hierher in die Natur und beschweren sich dann über das Geläut. Dafür fehlt mir und vielen Menschen hier jedes Verständnis.

Der Klang der Glocken harmoniert mit dem Plätschern des Bachs. Es ist so vertraut, so friedlich. Wir haben so oft das Wasser getrunken, der Bach speist das Schwimmbad unten im Tal, als Kinder haben wir ihn im Sommer gestaut zu einem Fischteich, wir haben Stausee und Überflutung gespielt, tagelang.

Wie so viele Gewässer hat der Weiherbach nicht die eine Quelle, das Wasser quillt weiter oben unter Grasmatten vor und vereinigt sich zu einem Rinnsal. Schon wenige Meter später fällt es zum ersten Mal ein paar Zentimeter über einen

Stein. Hellgrüne Efeuranken wachsen an den Rändern herunter, als wollten sie den plätschernden Wasserstrahl verzieren.

Es gibt Leute, die trinken Wasser ihr Leben lang nur aus Plastikflaschen. Ich würde ihnen wünschen, dass sie einmal hier stehen und eine Handvoll Wasser schöpfen könnten.

Normalerweise bin ich hier ganz bei mir. Früher, als es mir nicht so gut gegangen ist, da bin ich oft hierhergekommen. Hier habe ich oft meine Mitte gefunden, bin zu mir selbst gekommen. Und gerade jetzt, wo man den Eindruck gewinnen kann, dass die ganze Welt um uns herum brennt, da wird mir das Privileg eines so wunderbaren Fleckchens Erde wieder besonders bewusst.

Der Nebel dämpft die Töne, und er begrenzt die Sicht, er zwingt zur Konzentration auf das Nahe. Das hat seinen ganz eigenen, zurückhaltenden Reiz. Wenn man weit schauen kann, bis ins Tal und weiter, dann verliert die direkte Umgebung viel von ihrem Geheimnis. Ich weiß, die Wanderer aus den Städten wollen es genau so. Sie geben viel Geld aus für die Ausrüstung, sie folgen den gelben Schildern und den roten Punkten am Weg. Sie wollen hoch zum Gipfel, und sie nehmen das sehr ernst. Wandern wird fast zum Leistungssport, sie werden gelenkt. Mit Freiheit hat das nichts zu tun. Und dann wollen sie eine schöne Sicht bis ins Tal. Das verstehe ich schon. Aber ich mag die Verengung, die Verdichtung.

Der Platz hier oben gefällt nicht nur mir alleine. Ich war schon öfter früh am Morgen da. Rings um den kleinen Teich, der sich unter dem kleinen Wasserfall bildet – wir nennen solche Teiche Gumpen –, da war alles voller platt gedrückter Stellen. Rehe hatten die Nacht zuvor hier gelagert. Sie fanden die Tränke, aber vielleicht spüren auch sie die besondere Atmosphäre.

Viele kleine Schösslinge sind vom Wild verbissen. Mich stört das nicht weiter, aber in Gebieten, in denen versucht wird, aufzuforsten, kann das schon zum Problem werden. Das Wild hat hier keine natürlichen Feinde mehr, deshalb müssen die Bestände von Jägern reguliert werden. Aber bis zur Regulierung der Bestände, die sicher nötig ist, vom stolzen Posieren mit zwanzig geschossenen Rehböcken ist es für mich schon noch ein weiter Weg. Und schon wieder komme ich auf die alte Weisheit: Der Mittelweg wäre richtig.

Ich bin mit dem Wald groß geworden. Er war Spielplatz, aber bald auch Arbeitsplatz. Es ist ein Mythos, dass wir uns als Kinder darum gerissen hätten, dem Vater zu helfen. Nur wenn die Mama gesagt hat, jetzt geht mit dem Papa, dann haben wir das auch gemacht. Kein Kind arbeitet gern, und ich habe sicher zu denen gehört, die sehr ungern arbeiten. Als ich zwölf war, da war ich groß und verständig genug, um mit in den Wald zu gehen. Es war ein großer Vertrauensbeweis in meine Persönlichkeit. Die Arbeit ist sehr gefährlich, aber der Vater wusste, dass er sich auf mich verlassen kann.

Der fünfjährige Sohn eines Bekannten ist von einem Baum erschlagen worden, der vom Vater gefällt wurde. Der Bub war von daheim losgegangen, um den Vater zu suchen.

Ich hätte mir beinahe mal die Finger abgeklemmt, weil ich in ein Stahlseil gegriffen habe, als es gerade gespannt wurde. Wie gesagt: Die Waldarbeit ist gefährlich.

Der Wald ist Teil meiner Identität, er ist faszinierend, mächtig, schön, und manchmal ist er auch hart. Ich könnte nicht ohne ihn leben, auch nicht ohne unsere paar Hektar. Auch aus ganz persönlichen Gründen, weil hier der erste Baum stand, mit dem ich gedrechselt habe.

Es gibt unendlich viel hier, es gibt keinen Anfang und kein Ende im Wald. Er ist ein dynamisches System, das fasziniert und funktioniert. Jetzt haben sogar die Bestatter aus diesem

Kreislauf ein Geschäftsmodell entwickelt. Man kann sich einäschern und seine Asche im Ausland mit Blumenerde vermengen lassen. Darin wird ein Setzling gepflanzt. Den kann man wieder nach Deutschland einführen und am Ort seiner Wahl anpflanzen.

Im Tod Teil eines Baumes werden: verrückt oder eine gute Idee? Philosophisch oder esoterisch? Biologisch ist es auf jeden Fall.

Baumporträt: der Bergahorn

Bei uns ist es ein beliebtes Kinderspiel, und noch heute gehört es für mich zum erfüllten Sommer, einmal »ein Horn« auf der Nase zu haben: die geteilte, klebrige Frucht des Bergahorns, die sich so wunderbar auf die Nase klemmen lässt. Der Baum, von dem diese »Hörner« im September heruntersegeln wie landende Hubschrauber, begleitet uns hier im Berchtesgadener Land durchs Leben, von Kindesbeinen an. Bergahorn ist sehr häufig, es gefällt ihm hier in der Höhe. An die Bedingungen hat er sich hervorragend angepasst. Frosttemperaturen von minus 24 Grad hält er locker aus, er ist sehr robust und genügsam. Nicht nur deshalb bewundere ich diese Bäume, die bis zu fünfhundert Jahre alt werden können. Der Ahorn, dessen markantes fünflappiges Blatt es immerhin in die Nationalflagge Kanadas geschafft hat, gefällt mir auch als Drechsler.

Sein Holz ist hart, Ahorn ist auch ein gutes Schreinerholz. Man macht Möbel und Furniere daraus. Blockflöten und Kochlöffel, Küchenbretter und Geigenböden aus Ahorn belegen seine Vielseitigkeit. Ahornholz ist meistens hell, fast ebenmäßig, man könnte auch sagen: langweilig. Aber dann zeigt das Holz manchmal Schattierungen, vor allem, wenn sich im Stamm ein dunkler Kern findet. Und da wird es für mich interessant. Ich schaue grundsätzlich eher nach dem Außergewöhnlichen, nach dem Verwachsenen, dem Verdrehten, dem Ungewöhnlichen in meinen Hölzern. Nahe den Astansätzen oder nahe der Wurzel stauen sich die Jahresringe und Holzschichtungen. Der sogenannte Riegelwuchs ergibt spektakuläre Effekte. Man nennt das Reaktionsholz. Die Holzfasern wellen sich an bestimmten Stellen durch Druckunterschiede beim Wachsen. Es gibt Riegelahorn, da durchzieht dieses Phänomen den ganzen Stamm. Instrumentenbauer nutzen diesen wunderschönen 3-D-Effekt immer wieder aus. Bei Geigen und Gitarren kommt er besonders eindrucksvoll zur Geltung. Aber auch beim Drechseln kann ich damit spielen und arbeiten.

Sein sattes Grün im Sommer, seine Propellerfrüchte und seine strahlend gelben Blätter im Herbst; die feingliedrigen Verästelungen der Zweige, die nur im Winter sichtbar werden: All das macht den Ahorn trotz seiner Häufigkeit zu etwas Besonderem.

Was wir nicht wussten, damals beim Nashorn-Spielen, und was unsere Mütter wohl auch nicht ahnten: Samen und die Keimblätter des Bergahorns enthalten giftige Aminosäuren. Eines der Gifte ist das Hypoglycin, das auch beim Menschen schwere Vergiftungen auslösen kann – sagen zumindest die Fachleute. Wir haben die Dinger auch immer mal wieder gegessen. Schmeckte nussig und bitter. An mehr kann ich mich nicht erinnern. Vielleicht war die Dosis zu klein – Gott sei Dank.

3 Holz und Sinne

Erst ist da ein Keuchen. Als würde ein Boxer zum Schlag ausholen. Dann der Treffer. Der Axtrücken treibt den Keil ein Stück weiter ins Holz. Der schwere Stamm schluckt den dumpfen Klang nicht, er schickt ihn in die Höhe. Zehn, zwölf Meter in die Krone. Der ganze Baum ist ein Resonanzkörper. Zweige zittern, Äste beben.

Keuchen – Treffer, Keuchen – Treffer. Der Rhythmus wiederholt sich. Die Anspannung steigt mit jedem Schlag. Danach jedes Mal ein prüfender Blick in die Höhe. Oben, in den Wipfeln sieht man zuerst, wenn der Baum fällt. Neigt er sich schon?

Die Sekunden, in der dieser Riese fallen wird, nach Jahrzehnten aufrechter Haltung, sind auch ein Augenblick von Lebensgefahr. Alle Sinne sind hellwach. Irgendwelche verräterischen Geräusche? Wenn die Tanne fällt, steht man am besten ein paar Schritte entfernt. Das Stammende kann sich drehen, es kann ausschlagen wie ein riesiger, unberechenbarer Pferdehuf. Er kann abrutschen am Hang. Wir haben unseren Rückzugsweg vorher genau geprüft. Haben wir Tritt? Ist es nicht zu glatt, nicht zu steil? Gibt es Hindernisse? Wir begeben uns in Sicherheit. Kein Risiko jetzt.

Langsam, kaum merklich setzt sich der Baum in Bewegung,

dann das typische Reißen und Knarzen, wenn der Stamm an der Schnittstelle reißt. Ja, es gibt sie, diese Zeitlupenmomente, wie im Film. Drei Sekunden ziehen sich scheinbar ewig. Er neigt sich, er kippt, er fällt, er stürzt. Ein lautes, dumpfes Krachen. Der Waldboden bebt noch nach dem Aufschlag, man spürt in den Beinen, wie schwer, wie massig, wie mächtig dieser Baum war.

Jetzt liegt er da, wo er hin sollte. Im steilen Bergwald ist das noch wichtiger als im Flachen. Wir müssen das tonnenschwere Teil entasten, ablängen und schließlich aus absolut unwegsamem Gelände abtransportieren.

Es war ein ungleicher Kampf. Der Baum hatte keine Chance gegen unsere Äxte, Motorsägen und Keile. Es klingt so brutal, so roh. So gewaltig, wie ein Kräftemessen eben sein kann. Es ist nicht so, dass man im Wald keine Gefühle für das Holz entwickeln würde. Ganz im Gegenteil.

Ich leiste mir den Luxus, den viele Profis, viele Waldarbeiter nicht mehr haben. Ich kann nachdenken über den Sinn. Bäume werden seit Jahrtausenden gefällt. Der Mensch braucht Holz für Hunderte Zwecke; Reiche wurden darauf aufgebaut, Flotten daraus gezimmert und Länder erobert, Landschaften wurden oft für immer verwüstet und viel zu selten wieder aufgeforstet. Holz ist ein Menschheitsmaterial, ein Grundstoff der Zivilisation. Ob als tödlicher Pfeil oder als Instrument, dessen Klang die Liebste zu Tränen rührt. Ob als Brückenpfeiler oder als Dachstuhl oder als verzierter Balkon. Holz löst Gefühle aus, und sei es nur das Gefühl der Sicherheit.

Wenn ich über eine meiner fertigen Schalen streiche, wenn ich den typischen Geruch einer Olivenholzschale in die Nase bekomme, wenn ich eine einzigartige Maserung im Holz entdecke, eine Facette im Wuchs, dann erlebe ich Glücksmomente.

Man sollte aber nicht vergessen: Jede Sekunde, in der eine Stradivari ihren Klang entfaltet, hat eine lange Vorgeschichte. Der Violinist hat Jahre dafür geübt. Der Geigenbauer hat sein Handwerk lernen und zur Meisterschaft führen müssen. Und bei Stradivari kam ja noch Genie dazu. Ein Meister unter den Meistern. Aber auch bei seinen Werken beginnt die Geschichte damit, dass ein Baum gefällt wurde, mit der Axt, mit der Säge, mit Keilen, mit Gewalt.

Holz löst Gefühle aus, Holz spricht alle Sinne an. Und es ist ein Privileg meiner Arbeit, dass ich das jeden Tag spüren kann.

Ich habe ein besonderes Verhältnis zu den Gerüchen, die Holz verbreitet. Diese Empfindungen sind durchaus subjektiv. Was dem einen duftet, stinkt dem anderen. Auf jeden Fall: Der holzige Duft ist viel variantenreicher als der Geruch von Harz – und nein, nicht alle Geruchsnoten sind naturgemäß angenehm.

Selten kommt es vor, dass Holz nach seinen eigenen Früchten riecht. Kirschholz zum Beispiel hat eindeutig eine Note von Kirschwasser und Bittermandel, also von Schnaps. Weil ich Schnaps stehen lasse – seit elf Jahren trinke ich keinen Alkohol –, ist das für mich weniger reizvoll. Aber duften tut es dennoch saugut.

Ich habe viel mit Eschenholz zu tun, und immer wenn ich einen Rohling ohne dunklen Kern einspanne, dann freue ich mich schon: Er riecht nach … frischem Popcorn! Das ist jedes Mal spannend. Man ist bei der Arbeit, aber es herrscht eine Geruchsaura wie im Kinosaal, nicht wie in der Werkstatt. Gerüche sind die Trägersubstanz von Erinnerungen. Ich muss dann immer daran denken, welchen Film ich als Letztes im Kino gesehen habe.

Kommt man im Verlauf des Werkstatttages in die Nähe der Mittagspause, dann könnte man bei der Arbeit mit gestocktem Buchenholz Appetit auf Champignons bekommen. Der Pilzgeruch ist unverkennbar.

Die seltene und edle Eibe verströmt einen leichten Hauch von dunkler Schokolade. Besonders trügerisch bei einem Holz, das giftig ist. Teakholz erinnert mich immer an Tabak. Das teure Teak wird viel im Bootsbau verwendet. Der alte Käpt'n, der sich an Deck eine Pfeife anzündet, kommt einem als passendes Klischee sofort in den Sinn.

Ich habe mal von meinem Vater einen Balken aus echtem Sumatra-Teak bekommen. Wir waren bei einem Holzhändler und haben Holz gekauft. Ich bin lange um den Teakbalken herumgeschlichen und habe ihn dann nicht mitgenommen, weil er mir zu teuer war. Mein Papa hat dem Holzhändler heimlich ein Zeichen gegeben und ist dann noch mal hingefahren. War ein tolles Geburtstagsgeschenk! Das ist fast sechs Jahre her, und ich habe immer noch mehr als die Hälfte.

Die Eiche, angeblich so typisch deutsch, verbreitet in der Nase einen eher mediterran erfrischenden Zitrusduft, vielleicht mit einem Hauch von Essig, vor allem, wenn sie nass gedrechselt wird.

Die Duftvariationen sind immer wieder ein Erlebnis, und sie haben oft überraschende Wirkungen. Es gibt eine Variante von Esche, eine Wuchsform, die Olivesche heißt und die tatsächlich etwas nach Olive duftet. Schneidet man aber Olivenholz an, kommt aus der Schnittstelle ein intensiver Duft nach Pflaume. Warum auch immer: Katzen stehen total darauf, es gibt die verrücktesten Bilder von Katzen mit Olivenbäumen. Der Duft von Zedernholz schreckt Insekten und Motten ab, deshalb liegt es oft in Kleider- und Vorratsschränken.

An die eher unangenehmen Seiten der Katzen erinnert Ulmenholz. Die Arbeit an einem Werkstück aus Ulme ist so attraktiv wie das Leeren eines Katzenklos. Man darf da nicht empfindlich sein. Das Resultat entschädigt aber, denn das Holz der Ulme hat oft eine wunderbare Maserung. Die Struktur ist urwüchsig. Linien in verschiedenen Grüntönen durchziehen oft das Holz. Richtig angeschnitten sieht der Bereich innerhalb eines breiten Jahresrings wie eine Fasanenfeder aus.

Wenn man auf dem Bauernhof aufgewachsen ist, so wie ich, dann kennt man den Geruch von Kuhstall. Den verbreitet beim Drechseln ausgerechnet ein Holz, dessen Baum wir mit besonders festlicher Atmosphäre verbinden: Werden Tannen im reiferen Alter geschlagen, dann duften sie ganz und gar nicht nach Weihnachten, und wenn sie noch so sehr der klassische Christbaum ist. Wobei, bei Jesus und Maria im Herbergsstall dürfte es auch nach Kuhstall gerochen haben …

Beim Thema Christbäume haben wir in unserem Wald besondere Erfahrungen. Auf dem Weg nach oben, auf der Suche nach einem schönen Baum für unsere Stube, kamen uns schon lächelnde Zeitgenossen entgegen, mit dem schönsten Exemplar im Schlepp. Sie wussten nicht, dass wir die Waldbesitzer sind. Deshalb bricht mein Vater seit Jahren ein oder zwei Zweige von potenziellen Christbäumen ab. So werden sie scheinbar unattraktiv und bleiben wenigstens im Wald stehen.

Manchmal ist das mit den Gerüchen auch eine individuelle Sache. Das Holz eines Kirschbaums, der neben einem Misthaufen stand, hat über die Jahre den Geruch angenommen. Beim Verarbeiten roch es nach Gülle, oder wie wir hier sagen: nach »Sui«.

Holz riechen ist das eine, Holz sehen etwas ganz anderes. In der Stadt steigern Bäume die Lebensqualität, weil sie die Luft und das Klima verbessern, und sie tun dem Auge gut. Eine Straße mit altem Baumbestand ist attraktiver als reine Betonschluchten. Bäume signalisieren Jahreszeiten (trägt die

Kastanie Laub, Blüten oder Früchte?), sie machen Wind und Wetter sichtbar.

Bei uns in den Bergen entfalten sie ihre optischen Reize noch stärker. Hier steht ein Haus noch in der Natur und nicht die Natur zwischen den Häusern. Bestes und spektakulärstes Beispiel ist der Herbstwald. Jeder kennt die Bilder vom Indian Summer im Nordosten der USA, von den gelben Lärchen und Birken in Südtirol oder vom bunten Farbcocktail in unseren heimischen Wäldern.

Wir hatten im Berchtesgadener Land einen besonders schönen Herbst in diesem Jahr. Ich habe das Glück, dort zu leben, wo andere Urlaub machen. Dabei vergesse ich oft, wie schön es bei uns ist. Erst die Farbexplosionen im Herbst, die hauen mich jedes Mal wieder um und machen mir schlagartig klar, warum die Menschen Hunderte Kilometer hierher fahren. Die Farbenvielfalt ist unbeschreiblich. Von Knallrot über Gelb bis hin zu Braunschwarz und Grau ist alles in jeder nur denkbaren Schattierung vorhanden.

Und jede Farbvariante, die das Laub in die Landschaft zaubert, findet sich auch in meinem Lager: bei den Hölzern, die ich noch verarbeiten werde. Dunkelrot ist die Pflaume, braunrot ist die Kirsche, die gedämpfte Birne leuchtet hellrot, Robinie strahlt im kräftigen Gelb des Sonnenuntergangs wie die Lärchennadeln im Herbst, das Dunkelbraun der winterlichen Buchenblätter sehe ich in der Eiche, fast weiß kann Ahorn schimmern – und manchmal finden sich sogar alle Farben in einem einzigen Stück Holz.

Und doch ist es gerade das Unaufdringliche, das Zurückhaltende, das mich besonders berührt. Wir haben in diesem Jahr die Verschalung an unserem Bauernhaus ersetzt. Rund sechs Jahrzehnte hat die Fichte gehalten, silbrig bis schwarz ist sie über die Jahre geworden. Tagaus, tagein hat das Holz unsere Fassade vor Stürmen und Schnee geschützt, vor Platzregen und harter Bergsonne. Die Fichtenbretter haben standgehalten, und sie haben dabei noch ein besonderes Profil gewonnen. Innerhalb eines Jahresrings ist das Holz von Natur aus unterschiedlich hart. Die Witterung schleift das weiche Holz stärker aus als das harte. Es wirkt wie sandgestrahlt. Ein wunderbarer Kontrast hat sich entlang den Astansätzen und Rillen gebildet. Es erinnert an Fingerabdrücke. Als hätten die Bretter eine einzigartige Persönlichkeit.

Für die neue Verschalung haben wir unbehandeltes Lärchenholz gewählt. Lärche ist das typische Alpenholz. Es ist robust, der einzige Nadelbaum, der seine Nadeln im Winter verliert, es hat eine wunderbar warme Farbe und ist ungeheuer widerstandsfähig. Wer Steinhäuser für Sinnbilder der Beständigkeit hält, der schaue sich die zweihundert Jahre alten Holzstadl an, die auf den Bergwiesen und Almen stehen. Oft seit Jahren ungenutzt, unbeachtet, windschief und zugig, aber anscheinend unbezwingbar.

Auch das Fichtenholz der alten Schalung soll weiterleben. Ich habe die Bretter aufgehoben, ich werde Möbel daraus machen, Gartentische, Bänke, wer weiß. Ich werde auf ihm sitzen oder an ihm. Und dann kann ich dieses einzigartige Holz nicht nur sehen, sondern auch fühlen. Es ist in seiner Wärme fast wie ein guter Freund. Ich kann über das Profil streichen, ich kann seine Struktur spüren und ein wenig auch seine Geschichte.

Jedes Holz hat seine eigene Struktur, das fängt mit der Rinde an, die glatt und glänzend wie steifes Leder sein kann – wie bei der Buche. Oder runzlig und gefurcht wie eine Esche oder schuppig bunt wie bei einer Platane. Man erkennt Bäume meist an Äußerlichkeiten, den Blättern, der Rinde. Aber auch das Innere ist eigentümlich und charakteristisch. Auch dafür muss ich ein Gefühl bekommen.

Mit dem Finger darüber fahren, mit den Handflächen, das

verrät, ob es ein grobporiges Holz ist wie Eiche und Esche oder ein feinporiges wie Birne oder Ahorn. Ungeschliffenes Holz fühlt sich rau an, das weiß jedes Kind. Und jedes Kind erfährt irgendwann auch, warum man nicht straflos über rohes Holz streifen kann. Man zieht sich Splitter, Schliffer, Spreißel oder wie wir bei uns sagen einen Schiefer ein. Bei den meisten einheimischen Hölzern ist das nicht schlimm. Es gibt aber einige Spezialisten wie zum Beispiel die Lärche, bei denen Schiefer eigentlich immer und meist schon nach kürzester Zeit eitern, von diversen Tropenhölzern gar nicht zu sprechen. Aber man lernt an diesem Beispiel: Holz kann schmerzhaft sein, auch wenn einem kein Ast auf den Kopf fällt.

Man kann sich schneiden an Holz. Als Drechsler bin ich schon seit drei Jahren nicht mehr an die scharfe Kante eines drehenden Werkstücks geraten. Davor allerdings andauernd.

Die Arbeit ist ein Lernprozess, bei dem man sich auch die Finger verbrennen kann – im Wortsinne. Sich beim Schleifen Brandblasen holen, das ist ein typischer Anfängerfehler. Man drückt zu stark auf, dreht zu schnell, benutzt zu stumpfes Schleifpapier, und ehe man sich versieht, gibt's ein schmerzhaftes Andenken am Finger. Holz fühlen ist nicht nur angenehm.

Holz und Bäume sprechen auch. Man kann ihnen stundenlang zuhören, es ist nie langweilig, auch wenn nicht alles verständlich ist. Es ist ein bisschen wie in Italien. Die Menschen reden, man versteht sie nicht, und es klingt trotzdem meistens angenehm. Dichter haben lange nach den richtigen Worten gesucht: Was macht Birkenlaub im Wind? Rascheln? Wispern? Säuseln? Rauschen? Wer genau hinhört, der weiß, warum es so viele Antworten gibt. Die Geräusche wiegender Äste, das Knacken von Zweigen unter den Sohlen, das Fauchen von Bäumen im Sturm: Das alles entfaltet seine eigene

Wirkung. Menschen lassen sich beeindrucken von der Melodie des Waldes – und erst recht lassen sie sich betören von den Klängen von Flöten und Geigen. Wie viel Können, wie viel Kunst, aber auch wie viel Natur steckt in dem Sound, der aus einem Gitarrenkorpus strömt? Ich habe zwölf Jahre Gitarre gespielt, bis ich merkte, ich komme nicht weiter. Ich hatte mehr Ehrgeiz als Talent und habe viel geübt. Bis zu einem gewissen Grad funktioniert so etwas natürlich. Aber die Selbstverständlichkeit und Leichtigkeit eines Virtuosen lässt sich nicht ohne Talent erreichen.

Meine Leidenschaft für Musik ist geblieben. Ich stehe noch auf der Bühne. Aber da geht es um deutlich härtere, um metallische Klänge. Wir machen Hardcore. Eine Form von Punk. O ja, das ist laut, sehr laut sogar, aber auch in der Lautstärke gibt es leise Töne, die man nur heraushören muss. Vordergründig geht es bei der Musik von Astraea, unserer Band, um Intensität und um Lautstärke. Aber meine Texte handeln oft von Themen wie Ausbeutung und Entfremdung, um die moderne Sklaverei. Man muss kein glutäugiger Liedermacher sein, um Missstände anzuprangern. Das kann man auch als Hardcore-Handwerker aus den bayerischen Alpen. Rechtes Gedankengut und Intoleranz, Fremdenfeindlichkeit und Extremismus machen mich immer wieder wütend.

Leise Botschaften, verborgen in großer Lautstärke: Das gibt es auch beim Drechseln. Für Laien ist es laut in der Werkstatt, aber es kommt darauf an, den Lärm zu verstehen. Schabt das Werkzeug am Holz, dann macht man etwas falsch. Es muss hell und klar pfeifen. Es sind diese Zwischentöne, die man gar nicht so einfach hört.

Auch wenn es paradox klingt: Der Lärmschutz, ohne den ich nicht arbeite, macht die wichtigen, leisen Töne, überhaupt erst hörbar. Er filtert dröhnenden Krach aus dem Klangcocktail. Erst dann kann ich auf die entscheidenden Frequenzen achten. Sie tragen dazu bei, dass ich mit einem guten und sicheren Gefühl arbeite. Tatsächlich kann das Hinhören überlebenswichtig sein. Vor Jahren drechselte ich einen nassen Tannenrohling. Er schleuderte Späne und viel Wasser. Ich kam auf die Idee, die Drehzahl zu erhöhen, so eine Art Schleudergang für das Holz, um noch mehr Wasser loszuwerden. Ein Geräusch, das da nicht hingehörte, erschreckte mich kurz darauf und ließ mich zur Seite gehen. Sekundenbruchteile später zerlegte es den Rohling. Ein verborgener Riss war schuld. Die Zentrifugalkräfte schleuderten die Einzelteile durch die Werkstatt, von einem Teil spürte ich noch den Luftzug. Hätte es mich getroffen, ich hätte nicht den Hauch einer Chance gehabt. Das Loch in der Decke, das durch das Geschoss entstand, war wie ein Mahnmal. Man muss wissen: Ein Holz mit Rissen klingt anders. Wird die Wandstärke gefährlich dünn, dann hört man das. Auch Äste und Verwachsungen machen sich akustisch bemerkbar. Ein besonderer Missklang ist das Schnalzen, wenn man einen Nagel trifft. Das bedeutet Nagel rauspulen, Werkzeuge nachschleifen, Zeitverzögerung. Immer wieder interessant, wie tief die Nägel im Holz sitzen und wie viele es manchmal sind. Bis zu zwanzig habe ich aus einem Stück schon rausgeholt, sie steckten teilweise seit Jahrzehnten im Holz.

Zuhören ist enorm wichtig, Gefühl ist enorm wichtig, es ist gut und ausgesprochen beruhigend, zu wissen, was um mich herum geschieht. Ich mag Überraschungen nicht besonders gerne, vor allem, wenn ich in die Werkstattarbeit versunken bin. Meine Familie kennt das. Sie haben sich verschiedene Strategien zugelegt, um mich nicht zu erschrecken, wenn sie in solchen Momenten etwas von mir wollen.

Keine Überraschungen, alles bedenken, das liegt in meiner Persönlichkeit begründet. Das Leben ist für mich, ob ich will oder nicht, eher eine technische Zeichnung als eine

Wundertüte. Das Zusammenleben mit mir ist sicher komplizierter, auch weil ich meine Mitmenschen oft schlechter verstehen kann als meine Hölzer.

Ich kann mich schwer in andere Menschen hineinversetzen. Das führt dazu, dass ich manche Reaktionen nicht begreife. Dann ziehe ich mich eher zurück, was für die Mitmenschen aussieht wie ein Mangel an Empathie. Ist aber gar nicht so gemeint. Mit Holz geht die Verständigung oft besser.

Aber auch der Dialog zwischen Mensch und Holz ist nicht immer spannungsfrei. Das hat Auswirkungen auf meinen kreativen Prozess. Ich erlebe eine Vielzahl von Gefühlen auch in der Werkstatt: Anspannung, Erwartung, Ungeduld, Zufriedenheit, Enttäuschung, Glück – manchmal abwechselnd in kürzester Zeit, manchmal sogar parallel.

Die Euphorie des Plans (»Das ist wunderbar!«) fällt allzu oft allzu schnell ersten Schwierigkeiten bei der Umsetzung zum Opfer (»Das wird ganz schön heikel!«) und führt zum Frust (»Das ist scheiße!«) und dem Gefühl des Totalversagens (»Ich bin scheiße!«). Es dauert, bis das Pendel zurückschwingt und der Blick auf das Werk wieder gnädiger wird (»Das könnte doch ganz gut werden!«). Zu selten noch endet der Prozess mit der Euphorie des Anfangs. Zu selten sage ich mir am Ende wieder: »Das ist wunderbar!« Aber mit der Zeit habe ich gelernt, dass ein solides »gut« manchmal einfach reichen muss. Weil nichts jemals perfekt ist, ist der Perfektionist immer ein unglücklicher Mensch. Ich bin lieber glücklich.

Baumporträt: die Eiche

Hart, knorrig, schwer und düster ist sie. Sie gilt als typisch deutsch. Bei uns im Berchtesgadener Land aber ist die Eiche selten, sie fühlt sich nur bis 700 Meter Höhe wohl. Sicher ist sie auch deshalb so kostbar für mich. Mit einem Eichenrohling in der Maschine erlebt der Drechsler, was Klischees wert sind: oft wenig bis gar nichts. Eiche lässt sich gut bearbeiten, im frischen Zustand sogar sehr gut. Das schwere Holz ist nicht so widerborstig, wie es scheint. Und es riecht auch nicht nach Heimaterde oder deutscher Schwermut. Immer wieder wundere und freue ich mich über den markanten Essigduft mit seiner leichten Obernote von Zitrusfrüchten, wenn ich mit Eiche arbeite. Es ist eines meiner Lieblingshölzer.

Robust ist die Eiche, das stimmt, aber auch sensibel. Sie fordert Geduld und Umsicht vom Bearbeiter. Sie neigt zum Reißen, wenn man sie zu früh verarbeitet. Und sie reagiert sofort auf kleinste Fehler. Ein einschneidendes Erlebnis war, als ich neben frisch gedrechselten Eichenrohlingen mal meine Werkzeuge geschliffen habe. Da fliegen naturgemäß winzige Metallspäne. Beim nächsten Hinschauen waren die Holzrohlinge voller schwarzer Flecken. Das Holz reagiert mit dem Eisen und lässt es schnell rosten, und es färbt Werkzeuge – und Finger – oft tagelang schwarz. Zumindest beim Händewaschen hilft Zitronensaft, die fleckigen Schalen waren ruiniert.

Weil das Holz viel Gerbsäure enthält, kann man es gut »räuchern«. Mit Salmiakgeist dunkelt das Holz stark nach. Bis zu einem tiefen Schwarz reicht die Farbpalette. Das Splintholz außen reagiert hingegen fast gar nicht und bleibt hell. Solche Kontraste können ungeheuer reizvoll sein. Mir gefallen sie ausgezeichnet. Aber auch der Holzgeschmack unterliegt Moden. Deshalb ist Eiche nicht jedermanns Sache.

Das ist ungerecht, denn Eiche nützt jedem, der mit Holz zu tun hat. Hochwertigste Möbel und Furniere kann man daraus machen, es ist bestes Bau- und Konstruktionsholz, und die Abfälle haben in den Öfen hohen Brennwert. Manche machen eine eigene Wissenschaft aus dem Verbrennen von Eichenholz: Man kann es gut spalten, und es gilt als guter Gluthalter im Kachelofen über Nacht.

Meine Oma erzählt, dass sie in den Notzeiten nach dem Krieg Kaffee aus Eicheln geröstet haben. Heute mästet man damit die Schweine.

Vielleicht ist es die Vielseitigkeit der Eiche, die den Deutschen so imponiert hat. Den alten Germanen waren manche Exemplare heilig. Sie fürchteten den Zorn der Götter, würde man sie umschneiden. Um dies als Aberglaube zu enttarnen, musste der Missionar Bonifatius im 8. Jahrhundert nur die Donareiche im Hessischen fällen. Und siehe: Nichts geschah. Oder doch: Aus dem Holz ließ er der Sage nach eine Kapelle errichten.

4 Holz und Schönheit

Der Zusammenhang zwischen Holz und Schönheit liegt auf der Hand. Kein Wunder, Schönheit ist ein ganz wichtiger Begriff in meinem Leben und bei meiner Arbeit. Natürlich strebe ich als Handwerker in meiner Arbeit nach Schönheit. Allerdings wird es weder mir noch irgendwem jemals gelingen, die Natur zu übertreffen. Ein flammender Herbstwald, eine spektakuläre Maserung, ein ungewöhnlicher Wuchs. Darüber können sich sicher die meisten einigen: Das ist einfach schön.

Die Schönheit im Holz spricht alle Sinne an. Wir hören das Laub im Wind, den Klang eines hölzernen Musikinstruments. Wir sehen die Größe eines alten Riesen, die Struktur der Rinde und die Maserung. Wir fühlen die Oberfläche, die Fasern und die Riefen in der Borke. Wir spüren die Kraft auf einem alten hölzernen Steg, wir fühlen die Zähigkeit und die Hartnäckigkeit, wenn wir Harz zwischen die Finger bekommen. Wir riechen den Herbstwald und den Tannenduft.

Mir reicht an neun von zehn Tagen das Farbenspiel in einem Stück Holz, um mein Wohlbefinden zu steigern. Schönheit macht gute Laune. Wenn man genauer hinschaut, wenn man seine Sinne schärft, dann gibt es noch viel mehr Schönheit zu entdecken: Der Riegelwuchs mit seinem Perlmuttschimmer, der wunderbare Kontrast zwischen Kernholz und Splint, die kleinen Vogelaugen der schlafenden Äste, die Flammung im Holz von Gitarrenkorpussen, der Drehwuchs eines Baumes, der aussieht wie eine Barocksäule.

Oder der Nussbaum vor unserem Haus. Er ist ein Solitär, nicht nur an Schönheit. Seine Blätter geben so viel Gerbsäure an den Boden ab, dass außer ein wenig Moos fast nichts unter ihm wächst. Er duldet keine Konkurrenz. In der Natur hat alles seinen Sinn. Aber es wirkt auch wie die Arroganz der Schönheit.

Schönheit kann überall entstehen. Alte Menschen, alte Bäume sind oft unglaublich schön. Die Ästhetik des Faltigen, Unebenen, oft auch Asymmetrischen zieht mich an. Wir arbeiten als Drechsler oft bewusst mit Holz, das mit bestimmten Krankheiten oder Schädlingen befallen ist.

Jeder kennt die knubbelartigen Geschwüre, die oft an Alleebäumen wachsen – Baumkrebs. Der Experte nennt sie Maserknollen. Sie sind wohl mit das Spektakulärste, was man im Holz finden kann. Tausende kleine Augen, starker Riegelwuchs und eine wilde Maserung mit unglaublicher Tiefe kommen da zum Vorschein. Diese Knollen bilden sich auch oft unter der Erde, zum Beispiel an den Wurzeln von Thujen, die man auch Lebensbäume nennt. Es gibt Leute, die graben solche Knollen in extrem mühseliger Arbeit aus steinigen Waldböden.

Oder die Buche. Viele finden ihr Holz besonders schön, sie schätzen das gleichmäßige ruhige Erscheinungsbild. Billige Baumarkttüren und Laminatfußböden imitieren diesen Buchen-Look. Ich finde das eher langweilig. Dabei kann Buche eines der wunderbarsten Hölzer sein, die es gibt. Feuchtes Buchenholz wird nach einiger Zeit von diversen Pilzen, Schwämmen und Algen befallen. Je nach Art des Befalls verfärbt sich das Holz. Rote, weiße, graue, grüne oder braune

Marmorierungen durchziehen nach einigen Monaten den Stamm. Schwarze Äderchen entstehen, sogenannte Demarkationslinien. Dabei kann man nie sicher sein, wie sich diese Muster im Holz fortsetzen.

Bei der Entdeckung und Konservierung von Schönheit spielt der Faktor Zeit eine wichtige Rolle. Bearbeitet man das Holz zu früh, sind die Marmorierungen noch nicht ausgeprägt. Wartet man zu lange, zerfällt das schöne Stück unter dem Werkzeug. In der Natur steht am Ende dieses Prozesses der komplette Zerfall. Das Holz wird wieder zu Humus. Der richtige Umgang mit dieser Technik ist reine Erfahrungssache – und Betriebsgeheimnis. Das Ergebnis ist jedenfalls wunderschön.

Als Drechsler kann ich dieses Holz in Szene setzen, und darüber hinaus kann ich eine Momentaufnahme im Kreislauf von Leben und Sterben sichtbar machen. Einen Kreislauf, den wir gut beobachten können, wenn wir mit dem Holz leben. Wie faszinierend zu beobachten, wenn aus Vergänglichkeit Schönheit entsteht! Das begeistert mich. Und ich kann an meiner Drechselmaschine diese Vergänglichkeit konservieren, zumindest für eine weitere, möglichst lange Zeitspanne.

Mich berührt der Gedanke der Reduktion, die Einfachheit, die schlichte Formensprache. Sie findet sich oft in skandinavischem Design, besonders aber in Asien, bei den Meistern in Japan und China. Die unglaubliche Ausstrahlung von Urushi-Schalen wirkt auch noch sechstausend Jahre nachdem irgendein Meister in Japan die Technik entwickelt hat. Ursprünglich als Methode zur Befestigung von Pfeilspitzen gedacht, wurde der Urushi-Lack in späteren Jahrhunderten auf Schalen und Pappmascheeobjekte aufgetragen. Tassen, Schüssel, Schälchen schimmerten rot, schwarz oder halb durchsichtig, je nachdem, ob das Harz mit Zinnober, Eisenoxid oder Ruß pigmentiert war. Auch mit Goldsilberstaub oder Eierschalen experimentierten die Meister. Sie lackierten Dutzende Schichten, polierten Hunderte Male. Der Lack musste in absolut staubfreien Verhältnissen aushärten. Die Handwerker lebten im Hochgebirge, wo die Bedingungen ideal waren. Oder sie ließen ihre Objekte auf Flößen auf hoher See aushärten, wo es ebenfalls keinen Staub gab. Und wozu der ganze Aufwand? Für makellosen Glanz, schnörkellose Glätte, randlose Harmonie. Dieser Perfektionismus ist in der japanischen Kultur fest verankert. Das hat auch viel mit dem hohen Wert der persönlichen Ehre zu tun. Es ist quasi Ehrensache, die Dinge ordentlich zu machen. Die Praxis, Unfertiges und Unvollkommenes einfach mal so auf den Markt zu werfen, wie das in der Softwareindustrie oft passiert, geht im gut verstandenen Handwerk gar nicht. Das stimmt in Ost und West.

Die Tiefe des Schimmers von Urushi-Lack wird in unseren Breiten höchstens durch den Schellack erreicht. Dieser Lack, gewonnen aus den Ausscheidungen der Lackschildlaus, ist extrem aufwendig zu gewinnen und schwer zu verarbeiten. Die Politur – auf Gitarren oder auf Klavieren – erfordert ungeheuer viel Erfahrung. Kenner halten den ebenmäßigen Effekt, der so einfach und unauffällig aussieht, für einmalig.

Einfach ist oft das Gegenteil von leicht. Es ist anstrengend, es ist zeitraubend, es ist fordernd: Es ist schwer, leicht zu sein. Ich nehme etwas weg beim Drechseln, alles, was mir nicht gefällt, alles, was man nicht braucht für ein schönes Objekt. Die Meisterschaft besteht nicht in der komplexen, überladenen Form, sondern in der Reduktion. Am Ende meiner Arbeit steht – meist im Wortsinne – eine runde Sache.

Schönheit ist mir auch ein persönliches Thema, es betrifft mich auch körperlich. Ich bin tätowiert, stark tätowiert. Es gibt zwar noch einige freie Stellen. Aber der Punkt, an dem mehr Haut tätowiert ist als untätowiert, der ist bei mir mittlerweile überschritten.

Für mich hatte die Entscheidung für Tattoos nichts Überhöhtes. Eine wichtige Rolle hat Mäx dabei gespielt, der Mann, der mir fast alle meine Tattoos gestochen hat. Viele suchen einen Künstler, wenn sie sich tätowieren lassen. Mäx hat mir gleich zu Anfang gesagt: Ich bin Handwerker und kein Künstler. Das hat mir imponiert und gefallen. Seine Art, an den Beruf heranzugehen, hat mich in meinem eigenen Selbstverständnis maßgeblich beeinflusst. Auch ich sehe mich eher als Handwerker.

»Freiheit über den eigenen Körper« und so, damit kann ich nichts anfangen. Mir haben tätowierte Menschen immer schon gefallen, je mehr, desto besser. Tätowierungen sind eine Form der Individualisierung. Gerade das, was andere abstoßend finden oder als Argument gegen Tattoos anführen: Wenn man älter wird und die Tätowierungen mit einem, das ist nicht peinlich, das macht den Reiz aus. Die Seebären, die alten Prostituierten, das hat was Besonderes. Es hat was, wenn man dem Menschen ansieht, was sie oder er durchlebt hat. Tätowierungen erzählen Geschichten, ohne dass man ein einziges Wort sagen muss. Sie sind dokumentierte Spuren des Lebens.

Ein Sägewerk und eine große Eule, ein Steinhammer und eine Nähmaschine – die ist ausdrücklich für meine Oma! –, ein altes Flugzeug und ein Pfau, das sind so meine Tattoos. Ich rede nicht gerne darüber. Ich bin nicht der Meinung von so vielen, die mich ansprechen, dass ich meine Tattoos erklären sollte. Es ist etwas sehr Privates. Ich bevorzuge Old-School-Tattoos mit klaren, scharfen Kontrasten. Die klassischen Motive der alten Schule sind Herzen, Anker, Schwalben oder Segelschiffe.

Auch wenn es verschroben klingt. Je mehr ich tätowiert bin, desto weniger habe ich das Bedürfnis, das herzuzeigen. Manchmal krempele ich nicht mal mehr das Hemd auf, weil ich keine Lust auf Präsentation habe. Es gibt sogar einen Reiz, zu verstecken, was man hat. Manche sagen, das ist wie bei diesen anonymen Milliardären, die einen van Gogh klauen lassen, um ihn sich ins Wohnzimmer hängen. Nur sie selbst sollen sich das Bild anschauen dürfen. Einen van Gogh kann ich mir aber nun mal nicht leisten.

Das Phänomen der verborgenen Schönheit gibt es beim Holz wie beim tätowierten Menschen. Ich weiß, hinter der unauffälligen Rinde kann sich etwas Einzigartiges verbergen. Zu meinen Versuchen, Holz zu »tätowieren«, stehe ich auch – als Jugendsünde. Ich habe sicher auch als junger Kerl mal meine Initialen und die meiner damaligen Freundin in Stämme geritzt. Man soll das ja nicht machen, ich weiß, ich weiß. Wenn ein Kind so etwas macht, weil es noch gar nicht überschauen kann, was seine Taten für Folgen haben, dann hat das irgendwie was Rührendes und kindlich Romantisches. Wenn ich das aber heute mache, dann wäre das einfach nur noch bescheuert. Heute hängen sie Schlösser an Brückengeländer und bringen die Brücken damit fast zum Einsturz. Ich weiß nicht, was besser ist.

Manchen wird das ganze Tattoogetue fremd sein und bleiben; mir ganz persönlich haben meine Tätowierungen sehr genützt. Das war allerdings ein besonders glücklicher Zufall. Vor etwas mehr als drei Jahren wurde ein Freund von einem Menschen aus dem Modebusiness angesprochen. Man suche einen Rothaarigen mit Bart und Tattoos. Damit konnte ich dienen. Es war der Beginn meiner Modelkarriere.

Mit kurzen und mit langen Hosen, mit entblößtem und verhülltem Oberköper: Für Outdoor- und High-End-Marken stand ich vor der Kamera, es gibt mittlerweile ein schönes

Album voller Fotos. Ein Traumjob für viele, vor allem für junge Frauen, wie man an den TV-Formaten sehen kann. Aber die Realität ist doch einigermaßen ernüchternd. Stundenlang dieselbe unnatürliche Pose in irgendwelchen komischen Klamotten – eine sehr zweidimensionale Angelegenheit. Ich weiß jetzt, wie unbequem 1000-Euro-Schuhe sein können. In der knalligen Sonne auf 2000 Metern mit extrem lichtempfindlicher Haut – dem Fotografen ist dein Sonnenbrand egal. Stundenlang warten, bis das Licht zu Look und Styling passt – und dann fängt es an zu regnen. Klar, die Jobs sind gut bezahlt und manchmal machen sie auch wirklich Spaß, aber man zahlt einen Preis. Jetzt weiß ich, was mit dem Begriff »der Mensch als Ware« gemeint ist.

Im Modelbusiness wird gelogen und getrickst, dass es eine Pracht ist. Klar, ich mache es sicher wieder, wenn sich die Gelegenheit bietet. Aber es ist nur ein Job zum Geldverdienen. Es ist lukrativer als das Handwerk, aber es ist längst nicht so befriedigend und längst nicht so nachhaltig. Meine Arbeit mit Holz ist mir viel mehr wert, ich finde darin viel mehr Schönheit.

Hinter jeder Schönheit – und das ist ein weiterer wichtiger Aspekt – steckt eine Ordnung, ein System. Ich finde Mathematik zum Beispiel einfach schön. Meine Nachhilfeschüler lachen immer, wenn sie das hören. Wenn sich eine lange Gleichung auflöst und alles aufgeht; wie der Graph einer Funktion verläuft, das hat eine Ästhetik. Ich lasse mich auch immer wieder durch Funktionsgraphen zu neuen Formen inspirieren. Die Außenformen vieler meiner Schalen erinnern an den Verlauf einer Parabel im mathematischen Sinn. Andere basieren auf der Kreisform. Nassholzschalen verziehen sich elliptisch. Jedes Handwerk unterliegt den Gesetzen der Physik. Für meine Arbeit ist die Mathematik eine stete Quelle der Inspiration.

Harmonie ist ein zentraler Punkt bei der Arbeit. Ich bin zwar kein ordentlicher Mensch, aber ich fühle mich in Ordnung sehr viel wohler als in Unordnung. Das ist nur scheinbar ein Widerspruch. Es gibt unordentliche Leute, denen macht ihr eigenes Chaos nichts aus, aber mich nervt es selber.

Jetzt habe ich meine Werkstatt ausgebaut, und da hat jedes Werkzeug seinen festen Platz. Das war früher nicht der Fall – ich habe nicht nachgerechnet, wie viel Zeit früher fürs Werkzeugsuchen draufgegangen ist. Aber es war auf jeden Fall zu viel. Ein fester Platz ist ganz wichtig bei jeder Arbeit. Es läuft so viel ab in meinem Kopf, da ist äußerliche Ordnung eine wichtige Stütze gegen Chaos und Ablenkung.

Ich habe es gerne aufgeräumt. Und so eine ordentliche, durchgestylte Werkzeugwand, die hat eben auch etwas Ästhetisches. Der Blick auf die aufgereihten Messer, Meißel und Röhren ist auch Inspiration und Ansporn. Die handgeschmiedeten Hämmer. Die japanischen Stemmeisen, die ich eigentlich nicht unbedingt brauche. Ich habe sie mir aus ästhetischen Gründen zugelegt. Was könnte ich alles damit herstellen? Welche Objekte sollen es noch sein? Morgen, nächste Woche, nächstes Jahr? Auf dem Plan stehen Schatullen, für Schmuck, Brot etc. Da kommen dann endlich meine neuen Stemmeisen und mein Hobel so richtig zum Einsatz. In meinem Kopf sind einige davon schon fertig. Es wird spannend, zu sehen, ob sich das alles so umsetzen lässt. Der große Schreibtisch, an dem Nadine und ich gemeinsam arbeiten, muss auch neu gemacht werden. Den will ich komplett selbst machen – auch das ist Neuland für mich.

Solche Gedanken kommen mir auch beim Blick auf die Wand. Schönheit inspiriert.

Nur Nadine, meine Freundin, lacht, wenn ich meine Liebe zur Ordnung erkläre. Sie traut dem Frieden nicht recht.

Warum stehen Männer so auf Werkzeug? Ich denke, das

ist etwas ganz Urtümliches. Die Geschichte vom Jäger und Sammler und so weiter. Wer besser organisiert war, der hatte im Herbst rechtzeitig genügend Nüsse gehortet und Lebensmittel eingebunkert. Wer den richtigen Feuerbohrer schnell genug zur Verfügung hat, der macht beizeiten Feuer, der hat die Höhle früher warm. Wenn man das nicht so gut auf die Reihe bekommen hat, dann war die Familie nach dem Ende des Winters halt um die Hälfte kleiner.

Und auch noch heute ist es doch ein beruhigendes Gefühl, jederzeit vorbereitet zu sein, wenn man ein Wildschwein ausnehmen muss. Eine gut sortierte, aufgeräumte Werkbank ist nicht nur schön, sie ist auch nützlich.

Jetzt lacht Nadine schon wieder.

Baumporträt:
die Lärche

Holz und Farbe – das ist eine der spannendsten Beziehungen in der Natur. Was immer sich an warmen Tönen auf der Palette der Farben finden lässt, im Holz wird es sichtbar. Und kein Baum treibt es so bunt wie die Lärche.

Normalerweise beurteile ich Hölzer in gefälltem, verarbeitetem oder zu verarbeitendem Zustand. Das ist eine Art Berufskrankheit. Aber der Lärche kann man sich schon als Baum nicht entziehen. Sie ist ein Star und doch kein Blender. Sie hat Glamour und zugleich jede Menge innere Werte. Im Frühjahr, das sehen die meisten aber nicht, blühen die weiblichen Lärchen in zartem Purpur. Da ist die Lärche noch ein wenig schüchtern. Auch im Sommer hält sie sich optisch noch zurück, auch wenn sie bis zu vierzig Meter hoch und fünfhundert Jahre alt werden kann. Im Idealfall zumindest. Zu großer Form läuft die Lärche bei uns in den alpinen Regionen erst im Herbst auf. Sie liebt die Sonne, und sie steht gerne ein wenig allein, als Solist sozusagen.

Wenn sich das Jahr neigt, bevor sie als einziger heimischer Nadelbaum ihre Nadeln abwirft, zieht die Lärche ihre große Show ab. Mit ihrem strahlend gelben Nadelkleid verzaubert sie die Landschaften, gestaltet Almen, Hänge und Wiesen wie ein Künstler, der gleißend sonnengelbe Ausrufezeichen auf die Leinwand setzt.

Als Drechsler habe ich ein gespaltenes Verhältnis zur Lärche. Sie neigt zum Ausreißen, ich brauche extrem scharfes Werkzeug, um sie zu verarbeiten. Die Schiefer, die man sich unter die Haut und in die Finger ziehen kann, entzünden sich fast immer. Sie geben zuverlässig Anlass zu den schönsten Flüchen, zu denen Handwerker fähig sind – und das sind viele. Fast könnte man meinen, die Lärche wehrt sich.

Selbst wenn man als Drechsler zufrieden ist mit seiner Arbeit, scheidet die Lärche noch immer so viel Harz aus, dass sie das Schleifpapier verklebt. Für mich ist dieses Harz ein Ärgernis, für Mediziner ein Gewinn. Man hat Lärchen angebohrt, um das sogenannte Lärchenterpentin zu gewinnen, das man zu Lacken und Klebstoffen verarbeiten kann. Es ist aber auch antiseptisch und soll gegen Rheuma und Furunkel wirken.

Ganz sicher wirkt Lärchenholz als langlebiger, extrem widerstandsfähiger und anspruchsloser Baustoff an unseren Häusern. Schindeln und Fassaden sind seit Jahrhunderten aus dem extrem frostharten Holz. Ihr Silbergrau prägt unsere Landschaft. Frisch verarbeitet hat Lärche den Farbton des Sonnenuntergangs. Der Splint allerdings ist cremig weiß. Ist es den Elementen ausgesetzt, vergraut und versilbert es, Imprägnierung ist nicht nötig. Es gibt Holzhäuser aus Lärche, an denen finden sich alle diese Farben, je nach Witterungseinflüssen. Auch mein Holzlager und meine Werkstatt sind selbstverständlich mit Lärche verschalt. Man kann sagen: Lärche ist miserabel zu verarbeiten, aber es lohnt sich.

5 Holz und Gesundheit

Wir wünschen sie uns jeden Tag. Zu Geburtstagen ganz ausdrücklich, und in Deutschland sogar beim Niesen: Gesundheit! Sie gehört zu den wichtigsten Dingen, die man nicht kaufen kann. Wie wertvoll sie ist, erleben wir, wenn sie nicht vorhanden ist. Auch bei diesem Megathema gibt es, wie so oft, eine Parallele zwischen Holz und Mensch. Und auch hier kann ich aus eigener Erfahrung sprechen.

Natürlich ist festes, gesundes Holz wünschenswert: wenn es verbaut wird, wenn es halten soll, wenn es zuverlässig sein soll. Hier im Berchtesgadener Land hatten sie gerade große Fällaktionen. Durch den Klimawandel haben wir immer mehr Stürme in den Bergen, das Risiko schien zu groß. Mutmaßlich kranke, instabile Bäume sollten weg. Man kann darüber streiten, ob es so radikal sein musste. Aber es sind schon Unfälle passiert, und niemand soll mehr von einem morschen Ast oder einem umstürzenden Baum getroffen werden.

Für mich war das nicht schlecht, es gab günstige Gelegenheiten, an Holz zu kommen. Als ich kürzlich begann, einige Bäume zu verarbeiten, da ist es mir wieder eingefallen: Es sind gerade die Schwächen, die Absonderlichkeiten, die Krankheiten im Holz, mit denen ich arbeite und bei denen sich dann die bemerkenswertesten Objekte ergeben.

Ein Baum kann eine verletzte Stelle nicht wirklich heilen. Er kann sie überdecken, indem neue frische Schichten um die Verletzung herum wachsen. Er unternimmt alles, um die Wunde zu schließen. Mit der Zeit wird sie überwachsen. Die einmal entstandene Verletzung ist dann zwar von außen nicht mehr erkennbar, aber sie ist noch immer vorhanden. So habe ich beim Aufschneiden eines Baumes schon Erde gefunden – die Reste eines abgestorbenen Astes. Bäume konservieren Spuren ihrer Verletzungen.

Eines der schönsten Hölzer, die ich bisher in die Finger bekam, stammte von einem alten Apfelbaum. Ein Nachbar hat ihn gefällt, der Baum war im Jahr zuvor abgestorben. Von außen waren nur ein paar dürre Äste und beschädigte Rinde zu sehen. Das Innere aber war spektakulär. Das Holz junger Apfelbäume ist normalerweise von einem sehr hellen Ocker. Ältere Bäume bilden oft einen dunklen Kern aus, der von intensivem Rostrot bis zu dunklem Braun reicht. So war es hier auch. Zusätzlich hatten sich Pilze eingenistet, das Holz hatte über die ganze Länge weiße, reiskorngroße Flecken mit schwarzer Umrandung. Warum auch immer, im Laufe seines Lebens wurden viele Nägel in den Stamm geschlagen. Das erschwerte die Arbeit, aber das Ergebnis war umso schöner. Rund um die Nägel hatte das Holz einen dunkelgrauen bis schwarzen Farbton angenommen. Das Holz war weich, es roch unangenehm nach verfaulten Früchten. Ich musste mehrmals die Maschine anhalten, um mit der Beißzange die Nägel zu entfernen. Meine Werkzeuge musste ich ständig nachschleifen. Aber es hat sich gelohnt.

Der Baum war dürr, morsch und dennoch: Das Ergebnis ist ein sensationelles Muster, die Schalen aus diesem Stamm gehören zu meinen All-Time-Favourites.

Auch ich war lange sehr krank. Aber ich habe Glück gehabt, ich konnte aus meinen Schwächen Chancen machen, und ich konnte sie nutzen. Es waren schlimme sechs Jahre, in denen ich gelitten habe, in denen ich aber die richtigen Menschen um mich hatte: meine Familie, Ärzte und Therapeuten, die mir die richtige Hilfe und die richtigen Ratschläge gegeben haben. Sonst wäre ich heute nicht hier.

Dass man »irgendwie anders« ist, das denken sicher die meisten Kinder. Ich war keiner, den man mobbt in der Grundschule, aber ich wurde ausgegrenzt. Ob bewusst oder unbewusst, kann ich nicht sagen. Die Schulkameraden haben es mich jedenfalls spüren lassen, dass ich nicht so bin wie sie, nicht »normal«. Ich habe versucht, wie die anderen zu sein, aber meine Versuche, cool oder beliebt zu sein, waren im besten Fall unbeholfen.

Meine ersten bewussten Erinnerungen stammen aus der fünften Klasse, davor ist bis auf ein paar kleine Fetzen und Dinge, die ich über Fotos und Anekdoten rekonstruiert habe, alles schwarz.

Etwas lichter wird es ab der sechsten Klasse. Zu dieser Zeit hat sich etwas geändert in meinem Leben. Ich hab's in der Grundschule nicht so mit den Leistungen gehabt. Aber auf der Realschule, auf die ich es mit Ach und Krach geschafft habe, war es plötzlich anders. Ich hatte Spaß am Lernen, dadurch wurde ich langsam gut und immer besser in der Schule. Die anderen haben geratscht, ich habe aufgepasst. Ich habe freiwillig meine Hausaufgaben gemacht und abends gelernt. Ich wollte kein Streber sein, aber es war ein gutes Gefühl, es hat mir Halt gegeben. Ich hatte da etwas, in dem ich mich herausgehoben habe, in dem ich besser war als die meisten anderen. Etwas, das mich scheinbar überlegen machte. Man ist dann nicht automatisch beliebt, aber ich wurde zu einer Art Anlaufstelle, wenn's auf die Klassenarbeiten zuging. Ich konnte meinen Klassenkameraden, die mich bis dahin ignoriert hatten, die Aufgaben und Zusammenhänge erklären. Diese Fertigkeit hilft mir bis heute, und es war der Anfang meiner Karriere als Nachhilfelehrer.

Wollte ich bis dahin sein wie die anderen, entdeckte ich langsam den Reiz, anders zu sein. Das Lernen schien ein wunderbares Erfolgsrezept zu sein. Und irgendwann kam ich zu der verhängnisvollen Ansicht, ich sei überdurchschnittlich intelligent. Mittlerweile weiß ich, dass dies zumindest in einigen wichtigen Bereichen nicht zutrifft.

Nach der Realschule begann ich eine Lehre als Formenbauer. Das ist eine Ausbildungsrichtung des Feinmechanikers. In diesem Zeitraum lernte ich, wie wichtig es ist, sich auf eine Arbeit zu konzentrieren, dabei zu bleiben. Ich lernte aber auch ein Gefühl kennen, das später übermächtig werden sollte: das beklemmende Gefühl, Zeit abzusitzen. Dazu kam die Abhängigkeit, die Unselbstständigkeit. Es war schwer erträglich, und es wurde immer schlimmer.

Ich hatte mir früh vorgenommen, das Abitur nachzumachen. Das war eine Perspektive, und die hielt mich zunächst bei der Stange. Nach der Lehre konnte ich in mein altes Muster zurückkehren. Ich lernte, ich war gut, ich fühlte mich sogar ein wenig unterfordert. Manchmal bin ich daheim geblieben, hab mir den Stoff lieber selbst beigebracht. In der Schule, da kam schon wieder das giftige Gefühl, ich muss hier Zeit totschlagen, man stiehlt mir meine Tage.

Ich wurde immer öfter krank. Über ein Jahr hatte ich immer wieder Mandelentzündungen. Ich fühlte mich ständig müde und erschöpft, gleichzeitig unruhig und aufgewühlt. In den Monaten nach dem Abitur ging's mir aber wieder besser, und ich habe mich voller Motivation in mein Studium gestürzt.

Die ersten Wochen lief alles glatt. Ich dachte, ich kann so weitermachen wie in der Schule. Aber mit einem Mal funktionierte mein System nicht mehr. Ich stieß an Grenzen, merkte, dass mein Ehrgeiz und mein Fleiß für meine Leistungen verantwortlich waren, dass es aber für die Uni nicht mehr reichte. Ich hielt mich schlicht für zu dumm. Mit so einem Selbsturteil muss man erst mal klarkommen.

Neben dem mittlerweile allgegenwärtigen Gefühl, wieder Zeit absitzen zu müssen, fühlte ich mich von Tag zu Tag ausgelaugter. Ich wurde so müde, dass ich mittags nach Hause fahren und für einige Stunden schlafen musste. Ich fühlte mich körperlich steinalt, ich konnte mich nicht mehr konzentrieren. Beim Lesen habe ich am Ende vom Satz nicht mehr gewusst, was am Anfang stand. Ich war physisch am Ende, mein Äußeres war wie tot, aber innerlich hat's gebrannt. Als hätte ich Ameisen in mir. Der Biorhythmus war völlig durcheinander, mein Körper wollte nachts wach sein und tagsüber schlafen. Irgendwann wurde es zu schlimm. Ich konnte nicht mehr weiterstudieren.

Ich bin nicht der Typ, der weitergräbt, wenn er in ein Loch fällt. So schlecht es mir auch ging, eines war immer klar: Ich wollte leben, ich wollte nicht zugrunde gehen an dem, was mich plagte. Also ging ich zum Arzt. Man musste mich nicht schicken, nicht überreden. Meine Eltern haben mich immer unterstützt. Das hat mir unglaublich geholfen.

Es begann eine Ärzteodyssee. Nach den üblichen Checks beim Hausarzt bin ich zum Kardiologen – Herz, Kreislauf und so: negativ. Von Gehirntumor bis Leukämie und Aids, alles wurde geprüft.

Irgendwann hat mein Hausarzt dann ganz vorsichtig gefragt, ob ich nicht mal zum Neurologen gehen wolle? Er hatte offenbar Angst vor meiner Reaktion: »Ich, zum Nervenarzt?« Ich habe nur gesagt: »Ja, bitte, sofort!« Ich wollte verdammt noch mal wissen, was los ist. Was läuft da falsch? Und wenn's etwas in meinem Kopf ist: egal.

Ich bin zu einer guten Neurologin gekommen, und das

war ein Glück. Sie hat nicht lange gebraucht, um eine schwere Depression zu diagnostizieren, die sich vor allem körperlich manifestierte.

Jetzt hatte das Ungeheuer einen Namen, das war ein erster Schritt. Aber so eine Diagnose muss man auch erst mal verarbeiten, wegstecken. Ich hatte mich bis dahin nie mit psychischen Erkrankungen befasst. Wer macht das schon, wenn er davon betroffen ist? Psychische Erkrankungen sind einfach noch viel zu sehr tabuisiert bei uns, keineswegs bloß auf dem Land.

Ich habe mich sofort nach einer Psychotherapie umgesehen, und ich hatte Glück, dass ich nach wenigen Wochen einen Platz gefunden habe. Parallel dazu nahm ich auch Medikamente, alles, was sie mir gegeben haben. Es hieß immer wieder: neues Medikament, langsam Dosis steigern, abwarten. Langsam Dosis verringern und wieder von vorne. Ich spürte zwar alle möglichen Nebenwirkungen, aber es gab zunächst keine Verbesserung. Egal, ich wollte alles versuchen, was mir helfen könnte.

Und dann gab es wieder so eine Situation, da fragte die Neurologin ganz vorsichtig: Könntest du dir eine Tagesklinik vorstellen? Auch sie hat wohl befürchtet, ich schreie auf: »In die Klapse?« Ich sagte nur: »Ganz oder gar nicht.« Ich hatte das Gefühl, ich muss raus aus meiner gewohnten Umgebung. Noch am selben Tag habe ich meine Sachen gepackt.

Acht Wochen war ich dann stationär in der offenen Psychiatrie. Auch dort hat man alle möglichen Medikamente ausprobiert – mit teilweise grotesken Ergebnissen: Die schwersten Beruhigungsmittel ließen mich die ganze Nacht wach liegen. Verschiedene Persönlichkeitstests haben sie gemacht; bei einem kam raus, dass ich vielleicht an einer leichten Form von Autismus leide. Es wurde viel geredet, und ich habe viel über mich erfahren. Nach und nach hat vieles, was ich erlebt hatte, einen Sinn ergeben. Irgendwann begann ich zu verstehen, wieso ich mich nicht an meine Kindheit erinnern kann.

Dass ich mich nicht abgrenzen konnte, nicht das Wichtige vom Unwichtigen trennen konnte; dass ich mit der emotionalen Reife eines Kindes die Wahrnehmung eines Erwachsenen zu verarbeiten hatte; dass ich damit überfordert war. Solche Dinge erfährt man da. Es dauerte viele Jahre, bis ich alt genug war, um zumindest halbwegs mit meinen Eindrücken zurechtzukommen. Es gab einfach zu viele davon, deshalb fehlen die Erinnerungen. Es ist ein Schutz, den mein Gehirn aufgebaut hat, um meinen zerbrechlichen Geist zu schützen. Ich habe viel über mich gelernt.

Von Extremsituationen abgesehen, fehlt mir bis heute die Fähigkeit, impulsiv zu sein. Bei mir entstehen Gefühle nicht spontan, mein Kopf konstruiert sie. Es ist mehr erlerntes Wissen als Fühlen. Ich weiß, dass man Mitgefühl haben muss – auch wenn ich es nicht fühle.

Durch meine ungefilterte Wahrnehmung kann ich mich nur sehr schlecht gegen meine Umgebung abgrenzen. Was das heißt? Ich sitze im Café und höre an allen acht Tischen die Unterhaltungen mit. Mein Gegenüber denkt, ich höre ihm gar nicht zu – dabei höre ich allen zu. Ich habe lange Zeit mehr wahrgenommen, als gut für mich war. Damit umzugehen und es zu kontrollieren, habe ich wie viele andere Dinge während einer vierjährigen Psychotherapie gelernt.

Ich hatte das Glück, schnell und unkompliziert eine gute Therapeutin zu finden. Sie hat mir den Eindruck vermittelt, ich selbst sei auf die Lösung meiner Probleme gekommen. Sie hat Gedanken gesät und mich dann behutsam in die richtige Richtung gelenkt.

In der Klinik gab es ein großes Therapieangebot, unter

anderem eine Ergotherapie, man könnte auch verächtlich sagen: Bastelstunden. Aber ich weiß, dass viel dahintersteckt. Und da erlebte ich eines Tages etwas Unerwartetes: einen Moment der Ruhe. Ein enormes Erfolgserlebnis. Was war passiert? Ich hatte ein Schnitzmesser und ein Stück Holz in den Händen. In meinem Kopf war eine Idee, ein Bild. Ich hatte die Vorstellung einer Schale. Und langsam, mit der Arbeit meiner Hände, wurde die Idee real. Es gab etwas, das ich von Anfang bis zum Ende mit den eigenen Händen selbst gemacht hatte und das ich auch machen konnte. Das war wichtig, und etwas anderes kam hinzu: Es hat mir selbst geholfen. Zugleich war es das Gefühl der Kontrolle über mein Leben, eine Kontrolle, die ich jahrelang schmerzlich vermisst hatte. Das war ein Anfang, das war ein Erfolg, und er hat mich nicht mehr verlassen. Ich war an einem Wendepunkt angekommen, auch wenn es noch lange gedauert hat, bis es mir wirklich besser ging.

Ich war ohne Einkommen damals, 2008, arbeitsunfähig geschrieben und fast pleite. Von meinen letzten Ersparnissen habe ich mir eine Drechselmaschine samt ein paar Werkzeugen bestellt. Ich habe mir nicht wirklich viel dabei gedacht. Nur: Dann mache ich das halt mal! Wusste ich, was mich erwartet? War ich sicher, dass es mir taugt? War abzusehen, dass ich Erfolg haben würde? Oder auch nur Spaß? Nein, eindeutig nein. Es war eine Wette. Alles oder nichts. Ich habe alles auf eine Karte gesetzt, weil die Alternative ein trostloses Leben ohne Perspektive war. Und ich habe gewonnen.

Natürlich war es mehr als ein Glücksspiel. Und man gewinnt nicht alleine. Durch die Drechselei kam ich in Kontakt mit einigen mir wirklich wichtigen Menschen. Ohne sie hätte ich es nicht geschafft. Da gab es den geschätzten Profidrechsler, der mich ermutigt hat. Der mir sagte: »Mach weiter, das ist gut«, und der mir Türen geöffnet hat. Da gab es meine Eltern und meine Familie, die mich jederzeit unterstützt haben. Da gab es die Drechslerstammtische, die ich besucht habe. Man hat neue Leute kennengelernt, neue Ansichten und Arbeitsweisen. Und wir haben uns neue Ziele gesetzt. Es gab Hausaufgaben bis zum nächsten Stammtisch, Projekte, an denen wir unsere Fertigkeiten geschärft und verbessert haben. Eine Vase mit Waldkante, eine Kugel mit besonderer Oberfläche, etwas Farbiges. Man hat sich an den Fortschritten gefreut und aus den Misserfolgen gelernt. Die Community hat entscheidend mitgeholfen, meine Motivation zu stärken und am Ball zu bleiben. Sie hat einen entscheidenden Beitrag geleistet, dass ich der Krankheit entkommen bin. 2012 habe ich die letzten Medikamente abgesetzt, im Jahr darauf die Therapie abgeschlossen.

Niemand konnte das ahnen, und man sollte die Parallelen nicht überstrapazieren: Aber eines der zentralen Ziele des Drechselns ist, die Dinge ins Gleichgewicht zu bringen. Man strebt Harmonie und Ausgeglichenheit an seinem Objekt an. Am Anfang steht immer eine Unwucht, die man beseitigen möchte. Sie kann außer Kontrolle geraten, sie kann zerstörerisch sein. Das war in meinem Leben so, und das ist beim Werkstück nicht anders. Es soll alles rundlaufen. Wenn es »rundläuft«, geht es gut. Seit ich diese Arbeit mache und dieselben Ziele an der Werkbank verfolge, läuft es auch bei mir persönlich rund.

Ich habe meine Krankheit nie als Bürde betrachtet, auch wenn es schlimm war, sondern immer als Chance. Ich wollte unbedingt leben, ich wollte überleben. Wie stark dieser Wille in der Natur ist, das habe ich schon vorher bei uns am Hof gesehen. Und ich finde diesen Überlebenswillen jetzt wieder im Holz, das ich bearbeite. Wir haben Bäume bei uns auf dem Gelände, die stehen seit Jahren im Weg. Also werden sie jedes Jahr ebenerdig abgeschnitten, und ebenso regelmäßig treiben sie wieder aus. Wir haben Bäume im Winter gefällt und im Wald liegen lassen, im Frühjahr sprießen trotzdem Triebe aus dem Stamm. Am Ufer von Fischweihern sieht man manchmal kleine, y-förmige Weidenstecken im Boden. Angler haben sie als Stütze für ihre Ruten in den Boden gesteckt. Monate später haben sie Wurzeln geschlagen und treiben wieder aus. Die Eiben, Sinnbild ewigen Lebens schon bei den Kelten, verfaulen innerlich und werden außen umso stärker. Weil dieser Prozess erst nach zweihundertfünfzig Jahren beginnt, kann niemand genau sagen, wie alt Eiben werden. Manche sagen, sie sind unsterblich.

Nimmt man den Wald als Organismus, dann regeneriert er sich, erholt sich von Schädlingsbefall, sein Totholz ist Heimat Hunderter Arten und Quell neuen Lebens. Ein wunderbarer, faszinierender Kreislauf. Das lässt sich in den Nationalparks beobachten. Da fressen sich die Borkenkäfer satt – sehr zum Unwillen der umliegenden Land- und Forstwirte –, aber anschließend regeneriert sich der Baumbestand. Neues, Gesundes wächst nach. Er lässt sich von Krankheit nicht unterkriegen, wenn wir ihn in Ruhe lassen.

Ich habe mich auch nicht unterkriegen lassen, und so seltsam es klingen mag: Meine Depression war nie deprimierend. Ich bin nie bei zugezogenen Vorhängen in der Ecke gesessen und habe gedacht: Es hat alles keinen Sinn. Die Krankheit hat mich fast erledigt, aber eben nur fast. Ich habe einen Ausweg gefunden.

Ich weiß, wie anstrengend, ermüdend und zermürbend Arbeit sein kann. Ich habe es an meinen Großeltern gesehen, ich sehe es an meinen Eltern, ich habe es am eigenen Leib erlebt. Und doch hat mich das, was andere fertigmacht, gerettet: die Arbeit, die Arbeit mit Holz.

Baumporträt:
die Fichte

Gibt es Bäume ohne mythische Aufladung? Stamm, Ast, Zweig, Blatt oder Nadel – und Schluss? Buche, Eiche, Esche, Eibe: Um viele unserer heimischen Hölzer ranken sich Sagen und Geschichten. Sie haben Eigenschaften und spielen historische Rollen, die unsere Fantasie beflügeln. Selbst die Fichte, Deutschlands meistgebrauchtes Holz, hat eine eigene Story. Bei den alten Griechen war die Fichte dem Meeresgott Poseidon geweiht, denn die Masten der Schiffe waren aus Fichte. Aus einem germanischen Baumheiligtum, der Irminsäule, entstand der bayerische Maibaum, auch er aus Fichte.

Die spektakulärsten Exemplare gibt es an der amerikanischen Nordwestküste. Die Sitka-Fichten werden bis zu achthundert Jahre alt, 95 Meter hoch und erreichen einen Stammdurchmesser von fünf Metern. Bei uns könnte die heimische Fichtenart bis zu fünfhundert Jahre alt werden – wenn man sie lässt. Aber das geschieht so gut wie gar nicht mehr.

Weil sie so schnell wächst, wurden Fichten früher oft als Monokultur angepflanzt, was sich bei starken Stürmen gerächt hat. Die flach wurzelnden Fichten hielten starken Jahrhundertstürmen wie »Wiebke« nicht stand. Außerdem sind

Monokulturen für die Verbreitung von Schädlingen wie dem Borkenkäfer verantwortlich. Es bestätigte sich ein Spruch aus der Forstwirtschaft: »Willst du einen Wald vernichten, pflanze nichts als lauter Fichten.«

Fichtenholz ist wenig glamourös, dafür ist es zu vielseitig. Jeder kennt es, fast jeder hat Fichtenholz schon mal in der Hand gehabt, meistens in Form anspruchsloser Bretter aus schwedischen Möbelhäusern oder als Opfer computergesteuerter Schnellsägen.

Durch ihr schnelles Wachstum ist die Fichte in Deutschland das Nutzholz Nummer eins. Sie wird zu Papier und Zellstoff verarbeitet, wegen ihres günstigen Verhältnisses von Gewicht und Festigkeit taugt sie als Bau- und Konstruktionsholz. Sie trägt Dachstühle und Decken. Treppen und Einbaumöbel sind aus Fichte. Und doch wird sie oft hinter scheinbar wertvolleren Fassadenfurnieren versteckt. Auch in meinem Werkstattneubau habe ich Fichte verbaut.

Die Fichte nimmt ihr Allerweltsschicksal mit Gelassenheit, sie schenkt dem Menschen sogar wunderschöne Klänge. Musikinstrumente wie Gitarren oder Violinendecken lassen sich aus Fichte herstellen. Gesucht ist das Holz der sogenannten Haselfichte, aus der Geigen, Alphörner und Klaviere gebaut werden können. Auch Blockflöten und Fagotte werden unter anderem aus Fichte gedrechselt.

Bei mir in der Werkstatt kommt Fichtenholz recht selten zum Einsatz. Es lässt sich schwer bearbeiten und sieht in den seltensten Fällen attraktiv aus.

Trotzdem spielt die Fichte eine große Rolle am Gattermannlehen: Alle tragenden Elemente in unserem Haus sind aus Fichte.

Der Fichte wird eine ähnlich gesundheitsfördernde Wirkung wie der Zirbe nachgesagt. Mit den ätherischen Ölen ihrer Nadeln lassen sich Badezusätze gegen Erkältung herstellen. Aus den frischen Trieben im Frühling gab's bei uns früher Wipferlsaft: ein alter, wirksamer Hustensaft, der auch noch gut schmeckt.

6 Kopf und Körper

Jeder Handwerker, und bestimmt auch jeder Künstler, hat ein besonderes Verhältnis zu seinem Werkzeug. Da gibt es Schreiner, die benutzen den Uralthobel vom Papa, und der hat ihn von seinem Opa. Das ist nichts Verschrobenes, die Betroffenen haben eine Beziehung zu ihrem Werkzeug aufgebaut, eine Beziehung, die anderen so fremd ist wie das Werkzeug, um das es geht. Sollte jemand anderer den betreffenden Hobel in die Hände bekommen, so kann er unter Umständen nichts damit anfangen, selbst dann nicht, wenn er selbst Schreiner oder Zimmerer ist.

Auf viele Männer, keineswegs nur auf die handwerklich begabten, übt Werkzeug eine unwiderstehliche Anziehung aus. Wer das nicht glaubt, der schaue im örtlichen Baumarkt in die leuchtenden Augen der potenziellen Kunden. Man meint fast zu spüren, wie sie sich die nagelneuen, glänzenden Wunderdinger wünschen, auf dass sie die widerspenstigen Bretter glätten, die verdammten Fugen füllen und die rostigen Schrauben endlich rausdrehen mögen.

Nur ist es mit Schraubendreher, Spachtel oder Hobel dasselbe wie mit jedem Werkzeug. Es kann allein gar nichts. Natürlich gibt es Schund und Müll, aber darüber reden wir nicht. »Nur der schlechte Handwerker schimpft auf sein

Werkzeug«, heißt ein italienisches Sprichwort. Ansonsten aber gilt: Das billigste und das teuerste, das älteste und das neueste Ding ist nur so gut wie die Hand, die es führt. Werkzeug ist die Verlängerung der Hände, des ganzen Körpers. Sie ist eine Verlängerung des Geistes.

Im Idealfall verschmelzen Meißel, Schalenröhre oder sogar Grobgeräte wie die Motorsäge mit den Händen zu einer Einheit, die das Werk erst schafft und gelingen lässt. Damit das funktioniert, muss man ein Verhältnis zu seinem Werkzeug entwickeln. Ich denke: Der Drechsler macht das Werkzeug, nicht das Werkzeug macht den Drechsler. Sicher kann man mit gutem Werkzeug tendenziell besser arbeiten. Aber ich kenne viele Beispiele von Drechslern, die mit einfachen Werkzeugen die großartigsten Dinge erschaffen. Der Bruder meines Stiefopas war einer der letzten Filigrandrechsler. Die Gegend um Berchtesgaden war ein Zentrum dieser beinahe ausgestorbenen Kunst. Sie haben zum Beispiel Dosen für die Aussteuer hergestellt. Er hat mir seine Werkzeuge gezeigt, die sahen eher unspektakulär aus, seine Arbeiten aber waren kleine zierliche Kunstwerke. In Japan und in China ist Drechseln bis heute ein eher einfaches Handwerk ohne komplizierte Maschinen. Die Techniken und Werkzeuge haben sich seit Hunderten von Jahren nicht geändert. Und in England lebt ein Mann mit dem Künstlernamen Robin Wood, der mit einer mechanisch angetriebenen Drehbank Tassen, Teller, Geschirr und Schalen herstellt. Ganz so wie schon vor tausend Jahren.

Zu einem guten Verhältnis zwischen Handwerker und Werkzeug gehören Respekt, Aufmerksamkeit und Verantwortung.

Die großen Worte schrumpfen auf Normalmaß, wenn man versteht, dass damit etwas ganz Konkretes, Bodenständiges gemeint ist. Einer von der alten Garde sagt immer:

»Die Lösung für neunzig Prozent eurer Probleme lautet: Schärft eure Werkzeuge!« Das kommt auch immer ganz gut an bei den Drechselkursen. Es mag übertrieben klingen, aber tatsächlich verbringe ich viel Zeit an meinen diversen Schleifmaschinen. Bei der Arbeit an den rotierenden Scheiben mit den diamantbesetzten Feilen und den Wassersteinen kommt mir meine Ausbildung als Formenbauer zugute. Auch wenn ich froh bin, dass meine Ausbildung lange vorbei ist: Ich habe dort gelernt, bei einer Sache zu bleiben. Und zweitens habe ich Wert und Wichtigkeit von scheinbar stupiden Wiederholungsjobs schätzen gelernt – wie etwa das Schleifen. Irgendwann glänzen die Spitzen und Schneiden, dann sind sie scharf und wieder einsatzbereit. Wie scharf, kann ich an den Haaren meiner Unterarme und Finger testen. Lassen sie sich mit der Klinge leicht entfernen, ohne die Haut zu reizen, dann passt die Sache. So kommt's, dass ich nach intensiven Schärfarbeiten keine Haare mehr an den Unterarmen habe.

Das Schleifen dauert seine Zeit, aber die ist gut investiert. Nur mit scharfem Werkzeug kann man sicher und effektiv arbeiten. Wenn ich Pech habe, stehe ich nach dem Einsatz eines Werkzeugs schon Minuten später wieder an der Schleifmaschine: Eine Unregelmäßigkeit im Holz, ein unsichtbarer Fremdkörper, und das Schärfen geht von vorne los.

Die wichtigsten Werkzeuge für den Menschen sind aber nicht aus Metall oder Holz. Wenn ich das Werkzeug falsch ansetze, dann höre ich das. Wenn die Vibrationen an den Maschinen zu stark sind, dann fühle ich das. Wenn die wegfliegenden Späne eher Staub sind als lange Locken, dann sehe ich das. Wenn das Sägeblatt stumpf wird, dann rieche ich das. Die wichtigsten Werkzeuge des Menschen sind seine Sinne!

Der Laie in meiner Werkstatt hört Krach und sieht Späne. Ich höre – selbst unter dem Gehörschutz –, ob eine Röhre richtig angesetzt wird. Stimmt der Winkel nicht, dann macht es ein schabendes Geräusch, das mir in den Ohren wehtut. Läuft etwas schief bei meinen Schülern, dann höre ich das bis ans andere Ende der Werkstatt. Es klingt, als hätte jemand eine Gans auf einer Rüttelplatte festgebunden.

Wenn bei mir in der Werkstatt die Fetzen fliegen, dann entscheiden Größe und Form dieser »Fetzen«, ob es passt oder nicht. Die Fetzen sind Späne. Lange Engelslöckchen sind gut, kurze oder gar Staub sind schlecht. Ich spüre, wenn ich beim Sägen zu starken Druck ausüben muss. Es riecht plötzlich nach warmem oder heißem Holz, wenn das Blatt in der Bandsäge dabei ist, den Abgang zu machen. Man lernt, die Situation zu lesen. Man entwickelt ein Auge für die wichtigen Dinge oder ein Ohr. Man bekommt ein Händchen für die Dinge – aber das geschieht nicht von selbst.

Was für Stemmeisen oder Schalenröhre gilt, trifft auch auf die Sinne zu. Man muss sie schärfen. Schon ein Stück Holz in der Hand verrät einem Erfahrenen eine Menge. Das Gewicht sagt etwas über die Festigkeit, die Struktur und die Farbe verraten die Sorte, bis zu einem gewissen Grad lässt sich sogar die Holzfeuchtigkeit erfühlen. Ich könnte blind sein, mit dem Holz kann ich trotzdem kommunizieren. Es gibt einen Blinden unter den deutschen Hobbydrechslern. Er kompensiert mit seinen restlichen Sinnen, was er nicht sieht.

Die Augen sehen die Form, die aus dem Rohling wird, die nur scheinbar unsichtbaren kleinen Fehler und die fliegenden Späne. Ein geschultes oder sensibilisiertes Auge schaut anders auf das fertige Stück. Was bei Laien Schreie der Verzückung auslösen mag, das tut mir oft in den Augen weh. Ein Knick in der Kurve, Nachlässigkeit im Finish, schlechte Proportionen, Geschmacksverirrungen: Die gute Form ist eben mehr als einfach nur nett oder nur schön oder nur ebenmäßig.

Ein guter Geruchssinn in der Werkstatt ist nicht nur nützlich, er ist tatsächlich sicherheitsrelevant. Ein gerissenes Sägeband kann gefährlich werden. Es empfiehlt sich dringend, die stumpfer werdenden Bänder rechtzeitig auszutauschen. Am ehesten merkt man das am warmen Holz und am Geruch, den das Holz verströmt.

Man muss wirklich mit allen Sinnen bei der Sache sein.

Sogar der Geschmackssinn ist wichtig beim Arbeiten mit Holz. Ich stelle jetzt auch Essschalen her, und natürlich soll das Müsli oder der Salat gut schmecken aus den eher japanisch inspirierten Schalen. Nur das Gefäß selbst sollte keinen Geschmack abgeben. Giftige Hölzer – wie die Eibe oder Robinie – sind von vornherein von der Produktion ausgeschlossen. Bei Hölzern wie Linde, Ahorn oder Buche kann ich mir sicher sein, das Holz bleibt relativ geschmacksneutral und ist vor allem ungiftig.

Fast das wichtigste Sinnesorgan für mich ist aber das Gehör. Das beginnt mit dem Klopfen auf dem Holz. Der Ton verrät etwas über den Zustand des Werkstücks. Es klingt paradox, aber für das bessere Hören ist ein Gehörschutz unerlässlich. Der Schutz filtert den Lärm und macht Frequenzen hörbar, die die Qualität meiner Arbeit messen. Geräusche verraten Schäden an Maschinen oder dem Werkzeug. Das Ohr ist unbestechliches und feines Messinstrument – nicht nur bei der Arbeit.

Genauso unbestechlich ist der Tastsinn. Mit den Fingerkuppen lassen sich kleinste Unebenheiten am Werkstück erfühlen. Die streichenden und prüfenden Finger sind ein Frühwarnsystem. Sobald die Schale geölt ist und glänzt, verraten Spiegelungen und schräg einfallendes Licht auch den kleinsten Fehler. Nur ist es dann meist zu spät.

Es sind Millimeter, kleinste Haltungsänderungen und Fingerbewegungen, die an der Maschine große Konsequenzen haben, auch jenseits der technischen Ausrüstung. Es muss alles stimmen, die Körperhaltung, die Position, der Stand: Es ist ein ganzheitlich gutes Gefühl, wenn das Werkzeug nicht schabt, wenn die Maschine richtig läuft, wenn die Sinneseindrücke verschmelzen zu einem ganz eigenen, stimmigen Körpergefühl. Das ist der perfekte Moment, das ist der Sweet Spot.

Diese Befriedigung rührt auch daher, dass mein Körper mir in dem Moment gehorcht. Das war und ist bis heute nicht immer der Fall.

Ich habe schon erwähnt, dass ich die Ausbildung zum Formenbauer gehasst habe. Das Gefühl, Zeit gestohlen zu bekommen, im Auftrag anderer für Fremde Arbeit zu machen, war mir zuwider und ist es bis heute. Den Nutzen von Routine und Wiederholung allerdings habe ich verinnerlicht; auch er war Teil dieser Ausbildung.

In diesem Hightechberuf wird die meiste Arbeit mit modernsten Maschinen erledigt, trotzdem habe ich das erste Jahr fast nur gefeilt, teilweise Wochen am Stück, nur unterbrochen durch das allabendliche gründliche Aufräumen der Werkstatt. Dabei ging es nicht ums Feilen; mit der Feile wird nur selten gearbeitet. Es ging darum, Ausdauer bei dem, was man tut, zu entwickeln, Hartnäckigkeit, auch wenn man eigentlich gerade keine Lust hat.

Ganz ähnlich erging es mir bei anderen Beschäftigungen, die ich jahrelang verfolgt habe, aus denen sich aber nie eine große Leidenschaft entwickelt hat.

Ich war, wie man bei uns sagt, ein »Krischperl«: klein, keineswegs muskulös, immer blass wegen der hellen Haut, für meine Eltern war ich der »Spargeltarzan«. Mich hat der Spitzname nicht weiter gestört. Schon in der ersten Klasse hielten es Mama und Papa für eine gute Idee, dass »der Bua« Sport treiben soll. Dabei bin ich schon früh jeden Morgen die steile Strecke von daheim zur Schule geradelt – und mittags denselben steilen Berg wieder rauf. Der Weg in die Schule hat etwa zehn Minuten gedauert, nach Hause waren es etwa dreißig Minuten, je nachdem, wie sehr ich getrödelt habe.

Bewegungsmangel hat man eigentlich nicht als Bergbauernbub. Ich besuchte Judokurse im örtlichen Sportverein, das hat mir sogar – in Maßen – Spaß gemacht. Es war wie so oft bei Kindern. »Nein, heute nicht!« – »Ich hab Bauchweh!« Wenn's zu den Trainingstagen kam, dann war ich extrem unlustig. Aber meine Eltern haben das ausgehalten, wie so vieles, und sind hartnäckig geblieben. Ich bin ihnen dafür ewig dankbar. Wenn ich dann in der Halle war mit den anderen, dann war's schwer in Ordnung. Am Ende meiner Karriere durfte ich einen braunen Gürtel über meinem Judoanzug binden – eine Stufe unter dem Schwarzen.

Ich war bei der Sache, aber irgendwann konnte ich mir die ganzen Namen für die immer neuen Würfe und immer neuen Halte- und Würgegriffe nicht mehr merken, und die muss man für die höheren Gürtelprüfungen alle kennen. Das ist das eine. Wichtiger aber ist: Ich war und bin kein Wettkampftyp. Von ein paar Vereinsmeisterschaften abgesehen, habe ich Turniere eher vermieden. Vielleicht habe ich nicht genügend Testosteron. Jedenfalls waren irgendwann andere Dinge wichtiger als das Training.

Aber vergeudet war die Zeit ganz sicher nicht.

Denn das Erste und vielleicht Wichtigste, was man beim Judo lernt, hat mich in meinem Leben vor vielen Problemen bewahrt. Die Kunst des Fallens, des kontrollierten Abrollens schützt vor Verletzungen jeder Art. Und nicht nur das. Man lernt seinen Körper kennen, man merkt schon als Kind, wie leicht man sich und andere verletzen kann, wenn man nicht aufpasst. Eine wichtige Lektion, von der ich bis heute profitiere.

Ich könnte jetzt hochtrabend sagen: Die japanische Kampfkunst hat mich gelehrt, wie wichtig Körperbeherrschung ist. Nur gibt es leider für alle Menschen Grenzen der Körperbeherrschung, und es ist manchmal eine frustrierende Erfahrung, diese Grenzen kennenzulernen.

Es ist eine Sache, gerne Fußball zu spielen – und das tun ja die meisten Buben. Eine ganz andere ist es, auf dem Bolzplatz immer als Letzter gewählt zu werden, weil das mit dem Ballgefühl, mit der Schusstechnik, mit dem Zweikampfverhalten und mit den Dribbelkünsten nicht so das Wahre ist. Mit dem Bayern-Star Thomas Müller habe ich den Körperbau gemeinsam, aber wirklich nur den.

Ja doch, es macht mir wirklich Spaß! Ich würde auch liebend gerne gekonnt über das Beachvolleyballfeld hechten und den unmöglichen Ball rausbaggern. In Wahrheit bekomme ich das Ding meistens schon beim Versuch des Pritschens eher ins Gesicht als zwischen die Finger. Es wäre also vermessen zu sagen, ich sei ein sportlicher Typ.

Eher schon ein musikalischer. Auch wenn mein Vater sagt, ich sei ein »Schreier«, so sehe ich mich doch durchaus als Sänger – auch wenn es in einer Hardcore-Band deutlich lebhafter und lauter zugeht als im Gesangsverein. Ich kann es meinem Vater nicht verübeln, er hätte mich sicher lieber als Gitarristen und Singer-Songwriter gesehen. Schließlich hat er mir zwölf Jahre Unterricht bezahlt. Klassisch, Western, Fingerpicking, das habe ich alles geübt, geübt und noch mal geübt. Die große Liebe ist es nicht geworden.

Die Liebe zum Sonnensystem Musik jedoch ist mir geblieben, auch wenn ich auf einem ganz anderen Planeten gelandet bin. Hardcore-Punk war sicher nicht der nächste Weg, aber hier fühle ich mich zu Hause. Es gibt in ganz Deutschland, selbst in den kleinsten Dörfern eine Szene. Ich gründete mit ein paar Schulfreunden eine Band. Wir schrieben die Musik, ich schrieb die Texte – die ich mir übrigens gut merken kann, im Gegensatz zu den Noten.

Die Musik, die Shows, »Stagedives und Highfives«, das alles ist etwas Direktes, Körperliches. »The pressure of being young«, lautet eine meiner Lieblingszeilen. Als Jugendlicher, der nicht ins Schema passt, hat man es nicht immer leicht. Es hilft von Zeit zu Zeit, einfach alles rauszuschreien. Dann, wenn es besonders laut ist, erlebe ich Momente der inneren Ruhe. Hier fällt es mir besonders leicht, meine Umgebung auszublenden, bei mir zu sein. Es gibt dann nur mich und die Musik.

Nach einem Konzert bin ich durchgeschwitzt, völlig außer Atem, alles tut mir weh, aber ich bin glücklich. Die Musik hat einen Klang angeschlagen in mir, und ich brauche einfach nichts weiter, um mich auszudrücken. Im Gegenteil: Was andere erst locker macht, belastet mich.

Zum Beispiel der Alkohol. Der ist, wie in vielen anderen Bereichen der Gesellschaft, auch in der Musik allgegenwärtig. Ob in der Blaskapelle (»Oans, zwoa, gsuffa!«), ob in der volkstümlichen Kitschmusik, ob beim Rock oder beim Punk, überall wird getrunken. Ich habe eine tiefe Abneigung dagegen entwickelt. Als ganz normaler sechzehnjähriger Bursche aus den bayerischen Alpen habe ich sehr wohl Alkohol getrunken. Aber schon damals hat sich mein Biolehrer unvergesslich gemacht, als er irgendwann sagte: »Ihr dürft ruhig saufen, aber gebt eurem Körper danach fünf Tage, um sich zu erholen.« Ich habe mich dann einfach eingeschränkt. Zweimal am Wochenende fortgehen, okay. Einmal davon nichts trinken, noch besser.

Und dann kam eines zum anderen. Ich sah, wie die anderen

drauf waren, die getrunken hatten. Es hat keiner je gewonnen in Auftreten und Erscheinungsbild. Dass später am Abend in den Wirtschaften und Clubs die Fäuste flogen, das war so sicher wie das Amen in der Kirche. All das ist mir zunehmend auf die Nerven gegangen. Und ich bin nicht der Einzige, dem es so geht.

Die Straight-Edge-Bewegung versucht, den Sinn von Punk zu erhalten: Auflehnung gegen das System. Aber nicht, indem man sich bloß besäuft. Auch unsere Musik war laut, auch unsere Erscheinung war schrill, aber wir wollten etwas zum Positiven verändern. »No Future« war nicht genug.

Ich habe gelernt, nüchtern wegzugehen. Wenn ich mir etwas schönsaufen muss, dann kann ich gleich daheim bleiben. Das ist keine besonders revolutionäre oder spektakuläre Erkenntnis. Es ist auch keine besondere Leistung, etwas zu unterlassen.

Und doch überrascht mich die heftige Reaktion vieler Menschen auf diesen Verzicht bis heute: Viele haben echte Probleme damit, dass jemand nichts trinkt. Fühlen sie sich beobachtet, mangelhaft, verunsichert? Was weiß ich. Man ist jedenfalls gleich in der Minderheit und im Verdacht der Arroganz oder der Hochnäsigkeit.

Offenbar gibt es kaum eine gesellschaftliche Zusammenkunft, die ohne Alkohol funktioniert. Warum eigentlich nicht? Jeder soll sich selbst ausleben, jeder soll mit seinem Körper machen, was er will. Wunderbar. Ich mache das ja auch.

Seit zehn Jahren trage ich meinen Vollbart. Ich habe ihn sprießen lassen, als noch kein Mensch wusste, dass Bärte mal die »urban uniform« der Kreativen und IT-Fuzzis in Friedrichshain und Kreuzberg werden würde. Es ging ursprünglich auch weniger um ein modisches Statement. Eher reagierte ich auf meinen brutalen Rasierbrand. Der hat mich mehr gestört als die blöden Sprüche, die man sich damals mit Bart noch anhören musste. Aufgehört haben die erst, als die halbe Menschheit plötzlich hip und Hipster sein wollte. Mittlerweile ist das Ding cool, und es gibt unter Bartträgern ein anerkennendes Nicken, wenn man den Gesichtsschmuck gut hingekriegt hat.

Ich hatte eine Zeit lang auch noch Piercings im Gesicht, aber zurzeit reicht mir der Bart als Deko. Am Körper ist das anders. Ich habe schon mehr als fünfundzwanzig Tattoos. Im nächsten Herbst kommt das nächste dran. Wo das enden wird? Ich weiß noch nicht, das will gut überlegt sein, es bleibt schließlich für den Rest des Lebens. Das ist eine Verantwortung, es ist aber auch ein Ziel.

So soll auch meine Arbeit sein. Sie soll einen Wert schaffen, der mich im besten Fall überdauert. Mit diesem Ziel stehe ich der Werkstatt. Mit den Beinen auf dem Boden, mit der Hand am Werkzeug, mit Geduld, mit Beharrlichkeit und mit einem Ziel. Ich bin der Dirigent, der dem Werkzeug die Melodie und den Takt vorgibt. Und wenn ich gut bin, dann wird auch mein Stück gut.

7 Holz und Liebe

Los ging es bekanntlich mit zwei Nackerten und einem Apfelbaum. Die verbotenen Früchte, das Paradies, die Vertreibung daraus. Viel mehr Stichworte braucht es nicht, dann weiß jeder: Es gibt einen deutlichen Zusammenhang, ein klares Wechselspiel zwischen Holz und Liebe, zwischen dem Holz und der Sünde.

Das fängt bei Baum der Erkenntnis an und hört bei den Herzen in der Rinde nicht auf. Es gibt sogar einen florierenden Markt für Drechsler, die mit Sexspielzeug ihr Geld verdienen.

Dass Holz Gefühle auslösen kann, haben wir schon ausführlich besprochen. Man muss ja nicht so weit gehen wie eine gewisse Emma McCabe aus London. Sie schaffte es im März 2015 in die britische und deutsche Klatschpresse mit dem Bekenntnis, sie sei verliebt: in einen Baum. Zwar erwähnten die Berichte nicht, um was für einen Baum es sich bei dem Auserwählten handelte. Auch bleibt im Dunkeln, wie groß, wie alt, wie dick der Geliebte ist – alles Fragen, die normalerweise geklärt werden in diesen Fachorganen fürs Zwischenmenschliche. Aber immerhin haben wir einen Namen. »Tim« heißt der Angebetete, verriet die Baumliebhaberin Emma, »und ich will ihn heiraten«. Weil sie so oft von

Männern enttäuscht wurde, habe sie sich den Bäumen zugewandt, erklärt Emma dem Magazin »Closer« weiter. Sie suchte offenbar etwas Bodenständiges, wollte ihre Liebe aber dabei keineswegs mit der Gießkanne verteilen: »Ich schaue auch andere Bäume an«, sagte die damals Einunddreißigjährige, »aber ich fasse sie nicht an. Ich würde Tim nie betrügen!«

Ob der Baum sich von den Treueschwüren beeindrucken lässt? Ob er die Liebe gar erwidert? Das blieb ungeklärt. Gut möglich, dass Emma bis heute auf ein klärendes Wort von Tim wartet. Aber beharrliches Schweigen beklagen Frauen ja gelegentlich auch bei Männern.

Nicht geschwiegen hat die Schlange im biblischen Apfelbaum: »Sobald ihr davon esst, gehen euch die Augen auf; ihr werdet wie Gott und erkennt Gut und Böse«, sagt das Reptil in der Genesis, dem ersten Buch der Heiligen Schrift. Tatsächlich gehen Adam und Eva, dem ersten Liebespaar, nach dem Genuss der verbotenen Frucht die Augen auf. Die erste Erkenntnis war, dass sie beide nackt waren. Die nächste, dass es nun vorbei war mit den paradiesischen Zuständen. Sie mussten raus ins feindliche Leben. Man darf das bis heute bedauern.

Für mich halten Bäume, hält Holz aber noch eine ganze Reihe weitere Erkenntnisse bereit, von denen man auch als Paar profitieren kann. Am Anfang, als ich die ersten Erfolgserlebnisse verbuchte, als ich in der Arbeit mit Werkzeug und Werkstück einen Lichtblick, einen Ausweg aus meiner Krankheit sah, da war es schon ein unbedingtes, ein emotionales Schwärmen. So wie bei der ersten Begegnung mit einer neuen Liebe.

Man sollte die Vergleiche nicht übertreiben, aber im Umgang mit Holz kann man so viel falsch machen wie in der Beziehung zu einem geliebten Menschen.

Ein zu forscher Ansatz, ein vorschneller Entschluss, ein »Passt scho!« zur falschen Zeit – und schon ist ein Schaden angerichtet, der schwer oder gar nicht mehr zu reparieren ist.

Man übersieht etwas, man kann etwas kaputt machen, und man kann sich dabei selbst verletzen. Wie schon die erwähnte Baumbraut Emma McCabe festgestellt haben dürfte: Holz spricht nicht wirklich. Aber es kommuniziert auf subtile Weise, und es verzeiht nicht, wenn seine Signale nicht erkannt, falsch gedeutet oder missachtet werden. Das ist bei einer Geliebten auch nicht anders.

Das Holz, mit dem ich umgehe, ist keineswegs immer die makellose Schönheit. Die Exemplare und Werkstücke, die von der Natur verwöhnt sind und alle Vorzüge offen herzeigen, sind nicht immer die reizvollsten. Wie beim Menschen. Die Schönheiten sind auch nicht immer die einfachsten. Die Unscheinbaren haben oft besondere Werte. Und selbst der Kenner erlebt immer wieder Überraschungen.

Meine hölzernen Favoritinnen wurden oft aussortiert, meine Hölzer sind oft befallen, manchmal krank oder verwachsen, und oft genug sind sie gerade noch vorm Brennofen gerettet worden. Mehr als einmal steckt hinter dem fertigen Werk eine Aschenputtelgeschichte.

Dennoch ist auch der pilzbefallene Buchenrohling eine so anspruchsvolle Geliebte wie das schönste Gewächs im Wald.

Man muss ihm Zeit geben: beim Wachsen und sich Entwickeln sowieso. Aber auch beim Trocknen und beim Lagern kommt es auf die richtige Zeit und den richtigen Ort an. Die passende Umgebung ist so wichtig wie die richtige Atmosphäre.

Mit den ersten gemeinsamen Erfahrungen nimmt die Schwärmerei ab. Das ist ganz normal und leicht nachvollziehbar, wenn man einmal heulend vor Wut auf dem Werkstattboden saß, weil man den falschen Schnitt geführt hat und die Arbeit von Stunden vergebens war. Man lernt, dass Holz auch eine teure Geliebte ist. Es ist schnell beleidigt, wenn man nicht auf es eingeht; es verzeiht nur schwer bis gar nicht. Und es will gut behandelt werden. Es ist eine anspruchsvolle Geliebte.

Vernachlässigt man das, dann wird aus der Beziehung dauerhaft nichts. Mehr als ein feuriger Holz- und Drechselliebhaber hat nach kurzer Zeit die Flinte ins Korn geworfen, weil die Enttäuschungen zu groß und zu viele geworden sind. Und tatsächlich gibt es Hölzer, von denen sollte man einfach die Finger lassen. Sequoia- oder Mammutbaum, Balsaholz drechseln, das wird nichts. Aber ansonsten gilt: Wer am Ball bleibt, der lernt über die Erfahrung sein Gegenüber kennen, die Vorzüge schätzen und die Zeit mit dem Holz genießen.

Wobei es immer Tage geben wird, da geht »nichts zusammen«. Manchmal hat man einfach keine Lust aufeinander. Man ist zu ungeduldig, mit dem falschen Fuß aufgestanden oder hat einfach nicht den richtigen Griff, den richtigen Drive an der Werkbank. Holz ist eine schweigende Geliebte. Sie warnt einen nicht vor. Macht man aber Fehler, so zeigt sie sich unerbittlich. Und nur in den seltensten Fällen ist der Fehler reparabel. Narben bleiben immer zurück. Ich habe eine besonders schöne Grünholzschale aus Esche nur ein paar Minuten zu lange in der Zugluft stehen lassen. Sofort bildeten sich feine Risse. Ich konnte sie reparieren, bei genauer Betrachtung aber bleiben sie immer sichtbar. Geliebte lässt man nicht warten.

Erfahrung ist viel, aber nicht alles. Im Gegenteil ist Routine der sicherste Weg in eine Art Stillstand. Natürlich ist es schön, ein eingespieltes Team zu sein, dann kann man blind die einzelnen Abläufe ausführen. Hier liegt aber auch die Gefahr. Wenn der Trott einkehrt, dann ist es an der Drehbank nicht anders als in der Beziehung: Es wird schnell langweilig. Deshalb probiere ich gerne immer mal wieder was Neues aus, und sei es nur, um festzustellen, was Spaß machen kann, auch wenn es Grenzen überschreitet. Man muss sich nur eingestehen können, wenn es einfach nicht passt. Die Idee, Vasen aus Holz zu drechseln, habe ich nach den ersten Versuchen gleich wieder aufgegeben. Zu anstrengend, zu aufwendig, hat einfach keinen Spaß gemacht.

So führt der Weg zur glücklichen Beziehung über Geduld, über sensiblen Umgang, über die Fähigkeit, aus Enttäuschungen zu lernen, und über die Bereitschaft, Neues auszutesten. Wenn man es richtig macht, ist Holz auch eine treue Geliebte. Über Jahrzehnte macht es Freude. Und eins ist sicher: Das letzte Gefäß ist fast immer aus Holz.

Im Verhältnis zwischen Holz und Liebe gibt es aber noch eine weitere Dimension. Beim Spazierengehen schaue ich eher Bäumen nach als Frauen. Man mag das komisch finden. Ich analysiere immer meine Umgebung auf »Drechselbarkeit«. Nadine, meine Freundin, kann gut damit leben. Aber das meine ich nicht.

Warum soll man es verschweigen: Umgeben von Holz in seiner natürlichen Form ist Liebe wunderschön! Den Teufel werde ich tun und den Platz verraten, an dem sie am schönsten ist. Ein abgelegener Platz in unserem Wald, umgeben von ehrwürdigen Riesen, ein Boden gepolstert von weichem Moos. Im Sommer, wenn es unten zu heiß ist, herrscht hier angenehme Kühle, und dann dieser Blick: gegenüber auf der anderen Talseite der Watzmann, der schönste Berg. Unten die alten Bauernhäuser, die Dächer von Steinen beschwert, die Wege, die Wiesen, die Urlauber, die Einheimischen, kleiner als Zwerge erscheinen sie hier oben. Man kann alles sehen, und wir werden nicht gesehen. Entferntes Bimmeln von Kuhglocken, Vögel zwitschern. Das Sonnenlicht durchbricht nur gelegentlich das Laub, es ist ein subtiles Licht- und Klangspiel, zugleich ist es unwahrscheinlich sinnlich: Das perfekte Setting für ein Paar. Und wenn es noch heißer wird, dann gibt es auch noch den Platz mit dem kleinen Wasserfall, eine Lichtung mit natürlicher Klimaanlage, einen Ort, den auch die Rehe und die Hirsche aus der Umgebung kennen. Sie lagern hier in der Nacht, die Moose verraten es. Auch ich habe hier schon auf dem Moos gelegen. Und ich war nicht allein.

Prioritäten setze ich bei der Liebe anders als an der Maschine. Wie schon erwähnt, gehört Buchenholz nicht zu meinen Favoriten. Oft zu eintönig und zu langweilig. Wenn es aber um die bestimmten, zauberhaften Orte geht, die man als Liebespaar aufsuchen könnte, dann wäre ein Buchenwald meine erste Wahl.

Es gibt dort eine dicke Humusschicht, bester Untergrund für eine Decke. Hoch über uns ein geschlossenes grünes Dach aus Blättern. Und danach? Kann man die Blätter vom letzten Herbst unter den Füßen rascheln lassen. Im Herbst gibt es Bucheckern zum Naschen und im Frühling das satteste Grün, das man sich vorstellen kann.

Ansonsten gilt auch für Holz im Zusammenhang mit der Liebe, dass sie an unerwarteten Stellen auftaucht. Zu den gar nicht so seltenen, aber leicht zweifelhaften Freizeitvergnügen auf dem Land gehören die sogenannten Erotikmessen. Muss man mal gesehen haben. Vor einiger Zeit war ich mit einigen Freunden auf einer solchen Schau in Salzburg. Inmitten der Latex- und Lederaccessoires, neben all den Peitschen und Gummihosen hätte ich viel erwartet – nur keine Drechselbank. Sie bildete das Zentrum des Messestands eines gut situierten Familienbetriebes aus dem Odenwald.

Unter dem Namen »Waldmichelsholdi« stellt der Besitzer Dildos und Vibratoren aus Holz her. Vom Anfängermodell »Bärenzunge« über das Modell »Frettchen« (»für Experimentierfreudige«) bis zum Spitzenmodell »Holzvibrator Eichelhauer« reicht eine imposante Produktpalette vom Dildo über den Holzplug bis zum elaborierten Vibrator. Es gibt sie alle in verschiedenen Größen und Dimensionen von »M« bis »XXL«. Sonderanfertigungen sind auf Wunsch möglich. Die Preisspanne liegt zwischen 75 und 120 Euro.

»Schon die alten Chinesen« hätten das Material geschätzt, wirbt der Betrieb. Der natürliche Werkstoff besteche mit der Fähigkeit, sich der menschlichen Körpertemperatur anzupassen, »dadurch erhalten Sie ein perfektes Gefühl der Harmonie mit der Natur«. Vielleicht auch die perfekte Alternative für Leute, die schon von früh auf nur ökologisch und pädagogisch wertvolles Spielzeug gewohnt sind.

Eventuelle Sorgen, das verarbeitete Fichtenholz könne nicht splitterfest sein, weist das Unternehmen als unbegründet zurück: Eine »Spezialbeschichtung« verleihe »dem Produkt tadelloses Aussehen, Eleganz und Glätte«.

Letzten Sicherheitssorgen begegnet der Unternehmer auf seiner Homepage mit dem TÜV-Siegel. Muss alles seine Ordnung haben, wir sind ja schließlich in Deutschland.

Baumporträt: die Zirbe

»Wächst in bizarren Formen«, heißt es in Fachbüchern über die Zirbe. Meist geht es um ihre Fähigkeit, sich in großen Höhen den widrigen Umständen anzupassen. Bizarre Formen nimmt auch der Kult um diesen Nadelbaum an, der bis unter die Baumgrenze bei 1800 Metern über dem Meeresspiegel gedeiht.

In den letzten Jahren hat sich der Preis für Zirbenholz verdoppelt. Nicht etwa, weil astreiches Heimatstuben-Feeling besonders angesagt wäre. Dem Zirbenholz wird ein beruhigender Einfluss auf den Menschen nachgesagt, die Duftstoffe wirken blutdrucksenkend und schlaffördernd, heißt es. Manche Ärzte empfehlen ihren Herzinfarktpatienten ein Bett aus Zirbenholz. Deshalb lassen sich manche Luxus-Resorts in den alpinen Touristenzentren die Schlafzimmer ihrer Suiten mit Zirbe auskleiden.

Ich gebe zu, auch ich profitiere von diesem Trend, allerdings sehe ich den Hype mit gemischten Gefühlen. Der Boom gefährdet die Bestände, und die Zirbe gehört in die Alpen. Je größer die Begeisterung, desto geringer meine Lust, Zirbenholz zu drechseln. Wenn ich mit Zirbenholz arbeite, sieht die Werkstatt am Ende besonders sauber aus. Wir sammeln die Späne, entstauben und reinigen sie. Dann werden sie in

Kissen gefüllt. Die lassen sich als Ruhekissen im doppelten Sinne gut verkaufen.

Auf der Drechselmaschine entstehen aus Zirbenholz schöne Brotschalen, die ätherischen Öle im Holz verhindern Schimmelbildung. Im Splint ist das Holz cremefarben, im Kern hellbraun, es ist relativ weich und deshalb auch ein Favorit der Schnitzer. Eine Besonderheit von Zirbenholz: Die Äste sind fest mit dem Holz verwachsen. Anders als beispielsweise bei der Fichte gibt es keine »schwarzen Äste«, die aus dem getrockneten Holz herausfallen.

In der direkten Umgebung unseres Hofs sucht man das wertvolle Holz vergeblich. Höher oben, in der Bergwelt, hat man mehr Glück. In einem meiner früheren Jobs habe ich mal auf einer Hütte am Funtensee gearbeitet. Der See hat es als Kältepol Deutschlands auf die Wetterkarte geschafft. Dort gibt es noch, wohlbehütet im Schutz des Nationalparks Berchtesgaden, etliche Zirben. Dort sollten sie auch sicher sein vor Fans der anderen Art. Begehrt sind die seltenen Bäume nämlich nicht nur bei Handwerkern und gesundheitsorientierter Luxuskundschaft. Die fleischigen Zapfen sind auch Grundlage für den Zirbenschnaps. Der ist – so wie das Holz mit seinen vielen Ästen – nicht jedermanns Sache. Aber seine Fans zahlen stolze Preise.

8 Holz und Werte

Holz hat mich begleitet, lange bevor ich mit dem Drechseln angefangen habe. Wir brauchten immer irgendwas: Brennholz und Bauholz. Mit dem Vater waren wir deshalb oft in unserem Wald. Und auch an den anderen Tagen waren Bäume immer präsent. Wir essen gemeinsam an einem Eschenholztisch. Der Baum dafür stammt aus unserem Wald. Schon immer liebe ich den wunderschönen Nussbaum vor dem Haus, ich würde ihn niemals umschneiden, niemals. Er hat einen ideellen und damit unschätzbaren Wert. Er prägt das Bild des Hofes, niemand in der Familie kann sich das Gattermannlehen ohne den Baum vorstellen. Er ist mit Geld nicht aufzuwiegen.

Wenige Meter daneben, noch vor der Weide, auf der unsere letzten fünf Kühe grasen, da liegen sie satt im Gras, schwer in der Wiese vor dem Hof: meine »Neuen«. Drei Stämme, zwei Bergahorn und eine Esche. Ein Nachbar hat sie mir vorbeigebracht. »F« steht an den Stirnseiten, für Franz. Vier Meter lang, ungefähr achtzig Zentimeter im Durchmesser. Der Ahorn mit seiner typischen Rinde, sie sieht ein bisschen aus wie Schuppen – wie die Platanen in den Alleen der Städte, mit vielen Farben: Stahlgrau, Ocker, Beige, Braun, fast Rot. Für mich ist das ein wunderbarer Anblick: Hier unser Hof, vorne der Watzmann und dann das neue Holz. Meine künftige Arbeit für die nächsten Tage und Wochen.

Meine Stämme standen bis vor Kurzem im Freibad in Bischofswiesen; um die hundert Jahre sind sie alt geworden. Sie wurden im Rahmen der großen Fällaktionen im weiteren Umkreis umgeschnitten. Dabei waren die meisten Bäume im Wortsinne kerngesund. An Bahntrassen, an den Straßen, um die Hochspannungsleitungen herum und eben auch im Bad kreischten die Sägen. Schade eigentlich, wir leben in einer Welt, in der niemand mehr ein Risiko eingehen möchte. Aber gut für mich.

Wegen unseres Waldes bin ich nicht darauf angewiesen, dass mir andere Leute Holz verkaufen. Aber wenn das geschieht, bringt es auch was für die Nachhaltigkeit. Wenn die Bäume sowieso gefällt werden, dann muss ich nicht zusätzlich noch einen umschneiden. In diesem Jahr habe ich keinen einzigen Baum aus unserem eigenen Wald zum Drechseln gefällt. Weil ich mittlerweile recht bekannt bin, glauben jetzt einige, ich sei reich und mit mir könnte man ein gutes Geschäft und ein bisschen schnelles Geld machen. Aber das stimmt so nicht mit dem Reichtum. Und viele haben keine Ahnung, was Holz wert ist.

Spektakuläre Holzverkäufe – ein Bergahorn aus den bayerischen Staatsforsten wechselte vor einigen Jahren im Chiemgau für 12 306 Euro den Besitzer – schaffen es immer wieder in die Zeitung. Solche Wertholzsubmissionen sind wie Versteigerungen, auf denen Furnierhersteller besondere Stücke suchen. Mit der Folge, dass viele glauben, sie hätten einen Goldschatz im Vorgarten stehen. Das ist aber meistens ein Irrtum. Nur einer von tausend Bäumen ist so astfrei, absolut gerade gewachsen und hat dazu noch die richtige Maserung, dass man mit ihm Höchstpreise erzielen kann. Das materiell wertvollste Stück Holz, das ich je gekauft habe, war eine einen Meter lange Bohle Vogelahorn. Für die habe ich fast 200 Euro gezahlt, und aus der werde ich vermutlich mein ganzes Drechslerleben noch Stifte drehen können.

Der Bergahorn und die Esche in meiner Wiese waren noch in Ordnung, aber nicht mehr ganz gesund. Der Kern war im Inneren schon etwas faul – es fühlt sich an wie Pappdeckel, und man hört es auch am Klang. Im besten Zustand, aufgetrennt, getrocknet und rissfrei, wären sie bestimmt jeweils 1200 Euro wert. So wie sie jetzt sind, würde man gerade noch den Brennholzpreis bekommen – 100 Euro je Stamm, vielleicht.

Aber mich interessiert das Makellose gar nicht so sehr. Das Holz mit Fehlern, mit vielen Ästen, mit Verwachsungen, mit Unregelmäßigkeiten, hat Potenzial. Zum Beispiel Holz, das sich beim Wachsen gefaltet hat, dort wo der Stamm aus der Erde kommt. Es wächst wellenförmig, auch unter schweren Ästen, manchmal sieht man das in E-Gitarren-Korpussen, da schimmert das Holz perlmuttartig. Auch gedrechselte Schalen, Kugeln, Dosen oder Ähnliches aus solchem Holz sehen sensationell aus.

Brennholz ist für mich spannender als das klassische Schreinerholz, das bevorzugt astfrei, schnurgerade und ohne Fehler ist.

Ich habe es in der Hand: Es liegt in meiner Kreativität, an meinem Können. Das Holz wird erst etwas wert, wenn man etwas daraus macht. Durch mein Tun ändert sich etwas, der Wert wächst. Wenn der Handwerker keine Schale daraus fabriziert, die in einer Galerie ausgestellt und verkauft wird, dann bleibt es eben Brennholz.

Das ist ein ganz besonderer Reiz meiner Arbeit. Vom Pflegen des Waldes über das Fällen des Baumes, das Abtransportieren des Holzes, das Filetieren, das Drechseln, das Trocknen bis hin zum Fotografieren und Verkaufen kann ich den Wert des Objekts selbst gestalten. Das ist der Idealfall. Man lässt sein Werk keinen Moment aus den Augen und baut eine optimale Bindung dazu auf.

Oft verbinden sich mit einzelnen Objekten ganze Ketten von Erinnerungen. Ich verkaufe eine Schale und denke an den Ahorn, von dem sie stammt. Es hätte beim Fällen fast einen Unfall gegeben. Ich drechsle einen Rohling und weiß, auf den Baum bin ich früher manchmal geklettert.

Fast jedes Stück aus meiner Produktion hat eine eigene kleine Geschichte. Den Baum hat mein Vorfahr gepflanzt. Das war meine erste Arbeit, nachdem ich mit Nadine zusammengekommen bin, in dem Stück waren Dutzende Gewehrkugeln drin. Bei dem habe ich das neueste Wanda-Album mitgesungen.

Nicht immer sind es schöne Geschichten. Bei mir im Ausstellungsraum steht ein besonders schönes Stück. Viele bewundern die Schale mit ihren geschwungenen Formen. Für mich ist das Objekt aber untrennbar verbunden mit der Tragödie des jungen Mannes, der mir das Holz verkauft hat. Er hat sich das Leben genommen. Es war ein Schock für alle.

Es hat viele Vorteile, eine Art »Urproduzent« zu sein, der sein Stück vom Rohstoff bis zum Endprodukt verarbeitet. Ich kann zehn oder hundert Schalen aus einem Baum machen. Ich kann entscheiden, wann ich welchen Schritt durchführe, je nachdem, wie es am sinnvollsten ist. Ich muss nicht warten, bis jemand die Vorarbeit geleistet hat, und muss nicht hetzen, da niemand anders auf mich wartet.

Urproduzent zu sein hat etwas Archaisches. Das haben die Vorfahren auch schon so gemacht. Sie haben sich um alles gekümmert, die Verantwortung übernommen und das »Lob« des zufriedenen Kunden eingeheimst. Das Lob, das einem ganz alleine gilt, weil man es ganz alleine gemacht hat. Auf alle Fälle lernt man den Wert seiner eigenen Arbeit mehr schätzen.

Wer nur einen Teil des Ablaufs begleitet, fühlt sich viel eher als Rädchen im Getriebe. Es ist in diesem Fall sicher entscheidend schwerer, sich mit seiner Arbeit zu identifizieren. In Zeiten von Arbeitsteilung und computergesteuerten Herstellungsprozessen ist das eher die Regel. Ich bin in einer privilegierten Ausnahmesituation.

Trotzdem musste ich erst lernen, mich im Geschäftsleben zu behaupten und materielle Werte richtig einzuschätzen. In meiner idealen Welt gehen alle Geschäftspartner fair miteinander um. Keiner versucht, den anderen über den Tisch zu ziehen, und jeder verlangt das, was seine Arbeit tatsächlich wert ist. Dass diese ideale Welt nicht existiert, habe ich auf die harte Tour erfahren. Mehr als einmal habe ich mich überrumpeln lassen. Anfangs war ich geschmeichelt, dass man mich als Vorführer an der Drehbank engagiert hat. Ich hab das auch einige Male umsonst gemacht. Bis ich gemerkt habe, jeder verdient an der Sache Geld, nur ich nicht.

Das passiert mir heute nicht mehr. Ohne Honorar führe ich nicht mehr vor.

Und ich habe mir angewöhnt, immer einen Tag Bedenkzeit einzuplanen, bevor ich auf irgendwelche »sensationellen Angebote« eingehe. Ich musste erst lernen, Nein zu sagen. Man muss sagen, was man will und was einem nicht passt. Mein Vater sagt immer: »Mund auf oder Geldbeutel auf.« Recht hat er.

Selbst gedrechselte Schalen haben zum Glück immer Konjunktur, sie sind immer etwas wert, weil sie zu etwas gut sind; seit Jahrtausenden, wenn man so will. Als Gefäß, als Behältnis zur Aufbewahrung von Nahrung, von Flüssigkeit, als kontrollierte Feuerstelle, als ritueller Gegenstand. Kein Wunder, dass Schalen mit der Zeit mehr wurden als bloß Gebrauchsgegenstände.

Opferschalen, Feuerkelche, Wasserbecken: Das Prinzip der

Schale als Behältnis findet sich in Kultstätten, Tempeln und Gotteshäusern fast aller Kulte und Religionen. Sie ist Sinnbild von Bewahrung und Sicherheit, Vorrat und Ruhe.

Ich mag es, wenn man einem Produkt ansieht, dass es in Gebrauch ist. Ein Gebrauchsgegenstand zeigt Gebrauchsspuren, er hat eine Geschichte, er gewinnt Charakter und sagt mit seiner puren Erscheinung: Ich bin gut, ich tauge was, ich bin etwas wert.

Ich gebe meine Schalen nur her, wenn ich denke, sie sind nicht mehr zu verbessern. Deshalb freut es mich, wenn jemand das Objekt als Objekt an einem schönen Platz stehen lässt. Es stört mich aber auch überhaupt nicht, wenn die Schale, die Urform eines Gefäßes, auch als solche benutzt wird. Wenn man seinen Salat daraus isst, sein Müsli, von mir aus auch Erdnüsse.

Meine Kunden sind ganz unterschiedlich, vom Konzernchef bis zum Bauern aus der Nachbarschaft. Dabei ist es meist unabhängig vom Einkommen, für welche Schale sie sich entscheiden. Was meinen Kunden allen gleich ist: Sie schätzen den Wert meiner handwerklichen Arbeit. Es ist natürlich ein großes Kompliment, wenn jemand spart, um sich eine meiner Arbeiten leisten zu können. Ein junges Paar, das erst kürzlich zusammengezogen war, investierte 300 Euro in eine meiner Schalen. Sie hätten das Geld mit Sicherheit gut für einen neuen Esstisch gebrauchen können. Ihre Entscheidung hat mich sehr gefreut.

Bei der Arbeit mit Holz habe ich vieles gelernt. Über das Holz, die Arbeit, aber auch über mich selbst. Ein Thema, das mich seit der Selbstständigkeit häufig beschäftigt, ist der Konsum. Der Konsum anderer, aber vor allem mein eigener Konsum. Damit mein Geschäft funktionieren kann, reicht es nicht, mein ganzes Herzblut in meine Arbeit zu stecken. Es reicht nicht, alles dafür zu tun, dass Qualität und Design stimmen. Um erfolgreich zu sein, brauche ich die Wertschätzung anderer. Kurz gesagt, es reicht nicht, die Dinge einfach nur zu machen, ich muss sie auch verkaufen.

Ich bin nicht Amazon, wo die Menschen bequem »mit nur einem Klick« von zu Hause aus bestellen können und das Gewünschte am nächsten Tag versandkostenfrei geliefert bekommen. Trotzdem brauche ich auch moderne Vertriebswege. Die Leute können online via E-Mail oder Facebook bestellen. Ich schicke ihnen dann einen Ordner mit Fotos, Größenangaben und Preisen der aktuell verfügbaren Objekte. Einen direkten Onlineshop habe ich nicht. Bei mir sind kaum zwei Stücke gleich, daher müsste ich für jeden Artikel einen eigenen Eintrag anlegen. Das würde mich zu viel Zeit kosten. Eine halbe Stunde pro Stück, dann wäre mein kompletter Gewinn weg. Wenn dann ein Kunde auch noch etwas zurückschickt oder einen Artikel beschädigt und behauptet, das war die Post, dann ist es erst recht eine Nullnummer. Mir ist lieber, die Leute kommen zu mir ins Geschäft und nehmen die Sachen in die Hand, bevor sie sich entscheiden.

Wer eine Schale von mir kaufen will, der sollte etwas vom Kostbarsten investieren, das er hat: seine Zeit. Und er muss bereit sein, auch mal 150 Euro für eine Holzschale zu bezahlen, die in derselben Größe in der Dekoabteilung des Möbelmarkts vielleicht 20 Euro gekostet hätte. Natürlich bekommt er bei mir ein Unikat, das handwerklich Welten davon entfernt ist, aber ohne die nötige Wertschätzung sind eben beides nur Holzschalen.

Meine Erwartungen sind anspruchsvoll, das ist mir klar. Man kann das nur glaubwürdig vertreten, wenn man sein eigenes Leben entsprechend führt. Ich bin nicht perfekt, aber ich kann mein Bestes tun, um meinen Handwerkerkollegen den nötigen Respekt zu zollen.

Wenn es zeitlich irgendwie möglich ist, kaufe ich Brot

beim Bäcker, Wurst beim Metzger meines Vertrauens oder im Feinkostgeschäft. Das ist das Schöne bei uns: Es gibt noch zwei Metzger und zwei Bäcker in Bischofswiesen. Natürlich hat der kleine Supermarkt im Ort nicht dieselbe Auswahl wie der Gigant auf der grünen Wiese. Aber man kann nicht in den Jammerchor einstimmen: »Schade, dass alle kleinen Geschäfte zu machen«, wenn man selbst nicht bei ihnen kauft. »Geh nicht fort, kauf im Ort«, heißt es altmodisch, aber der Gedanke ist modern und goldrichtig. Man kann auch sagen: »Think global, act local!« Ich kann nicht verlangen, dass mir jemand einen fairen Preis für meine Arbeit bezahlt, und dann andere nicht fair bezahlen. Geiz ist spätestens dann nicht mehr geil, wenn man ihn am eigenen Leib spürt.

Diese Erkenntnisse machen mich noch lange nicht zu einem Heiligen, aber ich habe angefangen, mich und meinen Konsum zu ändern. Im Kleinen, aber genau da beginnt es.

Ich versuche, mein Konsumverhalten nach einigen Regeln zu gestalten: Wer billig kauft, kauft meistens zweimal – wenn das Gelump schnell wieder hinüber ist. Für gutes Werkzeug fahre ich dreißig Minuten in ein Fachgeschäft nach Österreich. Mittlerweile sind wir Geschäftspartner. Sie vertreiben meine DVD, sie verkaufen das Franz-Keilhofer-Drechsel-T-Shirt, und wir arbeiten an einer Werkzeug- und Zubehör-Linie unter meinem Gingerwood-Label. Der Weg zum Fachgeschäft lohnt sich auf alle Fälle.

Weniger ist mehr! Statt zwei günstigen einen teureren, aber dafür hochwertigeren Pullover erstehen. Es lohnt sich. Und schließlich: Es muss nicht alles immer sofort da sein! Lieber ein bisschen ansparen, bis es passt für das etwas teurere Stück.

Vielleicht liegt es an meiner Abneigung gegen Pfennigfuchserei: Ich mag es nicht, wenn jemand versucht, mit mir zu handeln. Das passiert tatsächlich selten, anscheinend strahle ich schon so was aus. Meine Sachen sind zwar nicht billig, aber sie kosten auch nicht mehr, als sie kosten müssten. Ich verlange keinesfalls mehr, als meine Arbeit wert ist. Ich muss davon leben, und die Leute bekommen einen Gegenstand Wert. Ich stecke Zeit und Persönlichkeit in meine Arbeit und eine gehörige Menge Herzblut dazu. Ich schlage keine Marge auf die Ware, nur damit man sie mir im Verkaufsgespräch wieder runterhandelt. Wenn mir jemand sympathisch ist, wenn jemand besonders großzügig bestellt, dann komme ich dem Kunden schon mal entgegen. Aber das muss von mir ausgehen. Auch hier will ich den Prozess kontrollieren.

Und vor allem: Die Atmosphäre und die Chemie muss stimmen. Ich bin zwar ein bisschen lockerer, aber ich mag es nicht, wenn jemand frech wird. Hier bei uns im Berchtesgadener Land sind wir sowieso sofort beim »Du«. »Sie« ist eher ungewöhnlich und manchmal sogar abwertend.

Es geht aber nicht um die Form. Wertschätzung äußert sich in Respekt. Mangelnden Respekt gibt es auch im Handwerk. Viele Menschen fangen aus rein finanziellen Motiven mit der Drechselei an. Vielen fehlt die Wertschätzung des Handwerks und die Leidenschaft fürs Holz. Warum glauben so viele, man könnte mit ein bisschen Drechseln leichtes Geld verdienen? Geld lässt sich in den seltensten Fällen leicht und zugleich ehrlich verdienen – und schon gar nicht im Handwerk.

Aber immer wieder gibt es Zeitgenossen, die es trotzdem versuchen. Amateure haben eine Website, Visitenkarten und Autoaufkleber, einen »Künstlernamen«, am besten etwas mit »Drechselkunst« oder »Holzkunst«. Manche geben Drechselkurse, obwohl sie selbst noch einige Fortbildung nötig hätten.

In einer idealen Welt müssten Lehrer in ihrem Studium wesentlich mehr lernen, als sie für ihren späteren Unterricht brauchen. Lehrer brauchen dringend ein tieferes Verständnis der Materie, die sie unterrichten. Aus Wissen entsteht Kompetenz. Das weiß ich aus eigener Erfahrung als Mathenachhilfelehrer. Es braucht Engagement und Lernbereitschaft, Durchhaltevermögen und Leidenschaft. Das sind Werte, ohne die Arbeit keinen Wert hat.

9 Holz und Zeit

Drechseln ist eines der ältesten, wenn nicht das älteste mechanische Handwerk überhaupt. Schon in der Steinzeit haben die Menschen mit der Technik des sich drehenden Holzes Löcher in Steine gebohrt. In der Antike war Drehen oder Drechseln eine Kunst der Könige und später das Hobby der Adeligen. Der Perserkönig Artaxerxes habe »die Drechslerkunst besser als die Regierungskunst verstanden«, schreibt Georg Heinrich Zincke im »Teutschen Real-, Manufactur- und Handwercks-Lexicon«. In dem Werk aus dem 18. Jahrhundert heißt es, Prinzen und Könige aus Schweden und Dänemark hätten Drechselmaschinen bedient. Genauso wie das Haus Österreich, also die Habsburger. Es soll Zeiten gegeben haben, als »alle Churfürsten«, also diejenigen, die den Kaiser wählten, an der Drechselbank ihren Ausgleich fanden. Nicht nur von »allerdurchlauchtigsten Herren« schreibt Zincke, auch adelige Damen waren Künstlerinnen an den Drehbänken.

Jeder, der an der Drechselbank steht, beschäftigt sich über kurz oder lang mit dem Thema Zeit. Es müssen nicht immer Geschichten oder Geschichtsbücher sein. Oft dreht sich vor mir der Teil eines Riesen, und ich frage ihn: Was hast du erlebt? Wer hat unter dir gesessen? Was war dein kältester Winter, dein schlimmster Sturm in den Jahrhunderten deines

Lebens? So unterschiedlich die Baumarten, eines ist doch fast allen gemein: Sie werden wesentlich älter als Menschen. Nicht nur die berühmten Tausendjährigen – viele Bäume haben Geschichte und ganze Epochen erlebt. So habe ich schon Schrapnelle aus Bäumen geborgen, die vermutlich von Bomben aus dem Zweiten Weltkrieg stammten. Manche Piloten warfen ihren tödlichen Ballast auch über unbewohntem Gebiet ab. Ich kenne das exakte Alter meiner Hölzer nicht. Wenn ich die Wahl habe zwischen Drechseln und Jahresringezählen, dann gehe ich lieber an die Maschine. Trotzdem ist die Verbindung von Holz und Zeit immer spannend.

Die adeligen und geldadeligen Drechsler der vergangenen Jahrhunderte haben sich meist nicht mit Holz abgegeben, sie drechselten aus Elfenbein Sachen, die man heute gar nicht mehr machen kann. Nicht nur, weil Elfenbein nicht mehr zu bekommen ist, sondern weil heute niemand mehr das handwerkliche Können und Wissen besitzt, um solche Gegenstände herzustellen. Beim Arbeitsprozess blieb meist nicht viel von dem kostbaren Material übrig. Das meiste fiel zu Boden. Eine unglaubliche Verschwendung, es entstanden aber auch unglaubliche Schönheiten. Die Objekte haben die Anmut und die Feinheit von Spitze. Mittlerweile gibt es übrigens immer mehr Leute, die in den langsam auftauenden Dauerfrostböden Sibiriens nach Mammuts graben. Sie verkaufen das Elfenbein der Eiszeitgiganten als Ersatz für Elefantenelfenbein.

Der Handwerkschroniker Zincke schreibt im »Lexicon« über die »mehr oder weniger künstliche Arbeit« des Drechselns: Es gehe in ihr darum, »die in der Natur und bei dem Schöpfer selbst so beliebte Zirckelform nachzuahmen«. Die Drechsler sahen sich übrigens im höheren Auftrag unterwegs. Im 16. Jahrhundert verweist der deutsche Dichter Joachim Möllner auf Jubal in der Genesis, dem ersten Buch der

Heiligen Schrift. Der ist dort vermerkt als »Vater aller, die Saiten- und Blasinstrumente spielen«. Der Dichter schließt messerscharf, dass ja irgendjemand diese Instrumente gedreht haben müsse. Daher, so der Handwerkschronist Zincke, leiteten »die Lobredner der Drehekunst« ihre Ursprünge »von der Allmacht Gottes her«. Aber der Autor bleibt nüchtern und stellt fest, dass man das auch von »allen anderen professionibus«, also von allen Handwerksberufen sagen könnte.

Das Runde, und meistens ist das Resultat der Drechsler irgendwie rund, sei »dem Menschen angenehm«, fügt er hinzu. Recht hat er, jeder kann das beobachten. Ein kugelrunder Stein, ein besonders ebenmäßiges Holz fasziniert uns mehr als Raues, Ungleichmäßiges, Unebenes.

Meistens sind es geometrische Formen, die uns faszinieren. Nehmen wir zum Beispiel das Ei. Von oben gesehen, ist es ein Kreis, von der Seite ein Oval, keine zwei sind zu hundert Prozent gleich, und doch wirken sie alle harmonisch. Weil die Sehnsucht nach Harmonie immer schon bestand, sei es wahrscheinlich, dass die Menschen, »sobald sie aus Bequemlichkeit, Nothdurft oder Ergötzlichkeit« aus »rohen festen Sachen verbesserte bewegliche Dinge machen wollten«, die Drechselei versucht hätten.

Ein paar Schichten unterhalb des Göttlichen und des Hochadels gab es ganz andere Gründe für die Popularität des Gedrechselten: Der deutsche Durst und die Leidenschaft fürs Bier hat dem Drechseln eine Konjunktur beschert. Das »uralte teutsche Volck«, schreibt Zincke, habe die »Drehekunst gar sonderlich bei ihren Bechern und Trinckgeschirren angebracht«.

Es gibt gut erhaltene Drechselmaschinen aus dem 16. und 17. Jahrhundert. Die arbeiteten damals schon mit einer Genauigkeit, die heute noch verblüfft. Das Prinzip ist ähnlich den alten Nähmaschinen, die über eine Pedaltechnik und ein Schwungrad angetrieben wurden. Die Technik wurde zum Teil derart verfeinert, dass die Meister Dosen mit blütenförmigen Ornamenten oder Spiralmuster drehen konnten. Man spricht von Passigdrehen, in England hießen die Maschinen etwas poetischer »Rose engines«.

Es gebe »ungemein viele Stümpler und Hümpler«, schimpft Zincke im 17. Jahrhundert – was sich übrigens bis heute nicht geändert hat. Ein rechter Kunstdrechsler müsse ein wahrer »Mess-, Sehe- und Werk-Künstler« sein, er müsse »die Lehre von den Säulen wissen«. Außerdem brauche er »eine lebhafte Einbildungskraft, Geduld und Nachsinnen«. Heute sagt man: Die Arbeit beginnt im Kopf. Gemeint ist dasselbe.

Michelangelo wurde einmal gefragt, wie man aus einem Marmorblock ein Pferd meißelt. Seine Antwort: »Indem man alles wegnimmt, was kein Pferd ist.« Klingt banal, ist aber so. Daran hat sich nichts geändert. In jedem Stück Holz steckt mehr als eine Schale. Es geht aber darum, die perfekte zu finden und sie herauszuarbeiten. Noch eine andere Wahrheit steckt in dem Satz, ganz unabhängig von dem Material, mit dem man arbeitet: Es liegt oft ein Schlag, ein Schnitt, ein Handgriff zwischen Perfektion und Abfall.

Den gibt es ohnehin immer reichlich in der Drechselwerkstatt. Pro Jahr produziere ich ein Hausschwimmbad voller Späne. Das klingt nach viel und nach Verschwendung. Aber es kommt alles in die Heizung, als Einstreu in den Kuhstall und als Mulch in den Garten. Je filigraner das Objekt, desto mehr Späne. Eine dünnwandige Schale hat vielleicht noch fünf Prozent der ursprünglichen Holzmasse.

Wie man Verantwortung für sein Leben trägt, so muss man Verantwortung übernehmen für seine Arbeit und für das Material, mit dem man arbeitet. Das gilt für wertvollen Marmor, das gilt für Holz und für den Abfall. Denn selbst Brennholz hat Geschichte. Manchmal erzählt es sie sogar.

Gelegentlich sehe ich, was in einem Baum steckt, manchmal aber auch nicht. Nicht jeder Baum gibt seine Geheimnisse gleich preis. Immer muss man damit rechnen, dass sich innen eine Maserung nicht fortsetzt, die man außen sieht. Oder dass sich ein alter Astansatz von außen nicht sichtbar im Inneren verbirgt.

Und es gibt andere, handfestere Überraschungen. In den Sägewerken haben sie oft Metalldetektoren. Mit denen untersuchen sie jedes Holz, bevor es unter die Säge kommt. Die Detektoren spüren alte Nägel oder Klammern auf, Spuren der Zeit. Mit denen sind vor Jahren vielleicht Plakate oder Schilder befestigt worden. Manchmal finden sich Gewehrkugeln. Jäger schießen gerne auf Bäume, wenn ihnen kein Wild vor die Flinte gelaufen ist oder wenn sie einfach nichts getroffen haben. Die Bäume können nicht weglaufen vor dem Menschen und seinen Ideen.

Das Metall verschwindet mit den Jahren im Holz – bis es auf ein Sägeblatt trifft. Das ist sehr teuer, die Blätter werden unbrauchbar, das Wechseln kostet Zeit. Deshalb scannen die Detektoren die Bäume auf brisante Fremdkörper. Und es gibt Sägewerke – wir sagen Holzsagler –, die grundsätzlich keine Bäume vom Wald-, Weide- oder Straßenrand auf die Säge packen. Dort finden sich fast immer Fremdkörper wie Isolatoren, Steine oder Nägel.

Ich habe schon Haken aus einem Stamm gesägt, massive Dinger von 25 Zentimetern Länge. Die müssen in den Fünfzigerjahren Teil einer Telefonleitung gewesen sein. Als die Leitungen irgendwann stillgelegt und abmontiert wurden, da hat der Baum die Haken einfach verschluckt. Bäume speichern nicht nur Zeugnisse der Zeit, sondern auch Spuren des Ortes. Man erkennt an Bäumen, woher der Wind geweht hat über all die Jahre seines Wachstums. Die Äste richten sich entsprechend aus. Man erkennt, wenn ein Nachbar hinzugekommen ist oder wenn er gefällt worden ist. Das ist hoch spannend. Man müsste alle Bäume lesen können. Wer weiß, wie viel Geschichte in ihnen steckt?

Holz ist etwas Lebendiges, und wie alles Lebendige durchläuft es Entwicklungen. Man soll den Dingen Zeit geben. Man muss sich auf die Umstände einstellen und vor allem Geduld haben.

Manche Bäume beobachte ich über Jahre. Es gibt so Kandidaten im Wald: Eines Tages sind sie dran, aber alles zu seiner Zeit. Ich warte, bis sie alt genug sind oder bis sie eine gewisse Höhe haben. Manchmal ist es ein Ast oder eine Wucherung, die sich noch entwickeln müssen. Oder die Vorräte in meinem Lager bestimmen den Zeitpunkt, wann ich zur Säge greife. Und es gibt Fälle, da muss man eingreifen, weil das Holz kaputtginge, wenn es stehen bliebe.

Holz ist manchmal wie eine Sprungfeder. Es hat Spannung. Die hält sich, aber nicht ewig. Ich muss das wissen, und ich muss entscheiden, ob ich das will: Holz unter Spannung oder solches, das in sich beruhigt ist, das sich entspannt hat.

Bei Dosen zum Beispiel darf das Holz wegen der Passung des Deckels nicht viel arbeiten, sonst klemmt es. Bei Musikinstrumenten würde das den Klang mildern. Die großen, dünnen, ausladenden Schalen hingegen sollen sich sogar verziehen.

Auch beim Holz gibt es Jungstars und Spätstarter. Ahorn funktioniert am besten, wenn er frisch gefällt auf die Drechselbank kommt. Frisch geschlagene Eiche aber neigt dazu, sich extrem zu verziehen und reißt sehr leicht. Deshalb haben sie Eiche früher mehrere Jahre eingebuddelt und so reifen lassen. Dann ist der dunkle Kern, den man eigentlich mit der Eiche verbindet, zart wie Butter. In Holzmaßstäben, versteht sich.

Auch ich muss immer wieder Lehrgeld zahlen. Neulich habe ich dreißig frische Eichenrohlinge verarbeitet, davon sind mir zwanzig gerissen. Die sind reif für den Ofen. Es ist alles ein Geduldsspiel. Ein halbes bis dreiviertel Jahr vergeht für den Prozess vom Baumstamm bis zur verkaufsfertigen Schale. Zeit ist nicht alles, aber alles wird nichts, nimmt man sich keine Zeit.

Bäume brauchen Jahrzehnte oder Jahrhunderte, um zu wachsen. Bei der Arbeit mit ihrem Holz jedoch geht es manchmal um Minuten. Eine Eibe stand vielleicht zweihundert Jahre im Wald. Um aus einem Eibenrohling eine dünne Schale zu drechseln, muss ich aber zügig durcharbeiten, sonst verzieht sie sich schon auf der Bank.

Wir sind der Zeit ausgesetzt, keiner entkommt ihr, aber man kann auch mit ihr spielen. Wenn ich eine Schale unbehandelt lasse, sie nur schleife, aber nicht einöle, dann altert sie schneller. Das funktioniert bei Lindenholz zum Beispiel ganz gut, weil es besonders schön Farbe annimmt. Eine Brotschale, die ein halbes Jahr in Benutzung ist, sieht dann aus wie ein altes Erbstück.

Einige Hölzer sind extrem dauerhaft. Eines der interessantesten Exemplare in meinem Lager ist ein kleines Stück pechrabenschwarze Mooreiche. Bisher ist meine Ehrfurcht zu groß, als dass ich mich trauen würde, etwas daraus zu machen.

Die Mooreiche ist keine eigene Holzart, vielmehr handelt es sich um Eichenstämme, die über Jahrhunderte in Mooren und Sümpfen gelegen haben. Als man die Sümpfe trockenlegte, fanden sich die hölzernen Riesen. Die Gerbsäure des Eichenholzes geht mit den Eisensalzen des Wassers eine Verbindung ein, wodurch das Holz sehr hart wird und sich stark verfärbt. Die Verfärbung geschieht teilweise sehr unregelmäßig und variiert von Hellgrau über Dunkelgelb, Dunkelbraun,

Blaugrau bis Tiefschwarz. Man hat Stämme von bis zu 20 Meter Länge und 1,3 Meter Durchmesser gefunden. Das Alter dieser subfossilen Eichen liegt zwischen sechshundert und achttausendfünfhundert Jahren.

Eichenbalken in Fachwerkhäusern tragen Jahrhunderte, das älteste Haus in Deutschland steht in Esslingen und stammt aus dem 13. Jahrhundert. Holzschindeln wehren Regen und Wind über Jahrzehnte ab. Die unscheinbaren und grobschlächtig wirkenden Schindeln sind manchmal aus über zweihundertjährigen Fichten geschlagen. Lawinenverbauungen aus Robinie sollen der Gewalt der Schneemassen auf Jahrzehnte hin trotzen. Der Mensch kann auf die Dauerhaftigkeit, die Langlebigkeit von Holz bauen. Das galt vor Tausenden von Jahren, und es gilt für die Zukunft.

Baumporträt: die Linde

Die wenigsten Denkmäler sind wirklich attraktiv. Zu kitschig, zu pathetisch, zu pompös. Es sei denn, es handelt sich um Naturdenkmäler. Das sind gewachsene Wunder, und viele dieser Monumente bei uns in der Region sind Linden. Auch sie sind oft riesig, Umfänge von bis zu zwei Metern sind keine Seltenheit, aber pathetisch sind sie niemals.

Drechsler finden Linden oft langweilig, schwierig zu bearbeiten, sie stauben beim Schleifen, aber trotzdem: Ich mag Lindenholz sehr gern. Es fühlt sich weich an, es hat etwas Sinnliches. Außerdem eignet es sich hervorragend zur Aufbewahrung von Lebensmitteln. Ich habe viele Obst- und Müslischalen aus Linde gefertigt. Wenn man sie nicht behandelt, nimmt Linde schnell eine unvergleichliche Patina an. Ich kann verstehen, dass viele etwas Besonderes in Linden sehen.

Weil sie so alt werden, weil sie so prächtig aussehen im vollen Blattkleid, weil die Blüten abends so intensiv duften, beflügeln Linden seit Jahrhunderten die Fantasie der Deutschen. Sie war den Germanen heilig, in der Mitte eines Dorfes sollte immer eine Linde stehen. Nach dem Einzug des Christentums stellte man oft einfach eine Marienstatue unter die Bäume. Unter »Gerichtslinden« wurde Recht gesprochen, es gibt Dutzende »tausendjährige« Linden in Deutschland.

Die Linde gibt der Nibelungensage erst den richtigen Pfiff. Ein herzförmiges Lindenblatt legte sich einst zwischen Siegfrieds Schulterblätter. Also kam an die Stelle nichts von dem Drachenblut, das den Helden eigentlich unbesiegbar machen sollte. Die Schwachstelle kostete Siegfried das Leben, hier konnte Hagens Speer in den Heldenkörper eindringen.

Für Normalsterbliche ist die Linde gewöhnlich gesünder als für liebestolle Helden. Lindenblütentees sind ein wichtiger Bestandteil der Naturheilkunde. Sie helfen gegen grippale Infekte.

Wir haben als Kinder mit den Früchten der Linde gespielt. Sie haben Flügel, und wenn der Wind weht, dann kann man sie schön fliegen lassen. Sie sind wie kleine Hubschrauber, und mit ein bisschen Thermik fliegen sie sogar noch ein Stück aufwärts.

Allen Mythen, Sagen und Idyllen zum Trotz: Für viele Städter sind Linden oft bloß ein Ärgernis. Wer sich über einen Parkplatz in einer sommerlichen Lindenallee freut, ärgert sich spätestens beim Wegfahren über das klebrige Sekret, das von den Bäumen fällt und die Scheibe verklebt. Der Baum kann dafür aber nichts. Schuld sind die Blattläuse, die den Pflanzensaft der Linde verdaut haben. Man nennt das Zeug Honigtau. Das klingt wenigstens gut.

STIHL

hapfo
hapfo

CITY
COLOUR

BEND NOT

10 Holz und Nachhaltigkeit

Man entkommt ihm nicht mehr, diesem Begriff. Im Milchregal, beim Autokauf, sogar bei der Bank geht es ständig um Nachhaltigkeit. Das Prinzip, nach dem man nur so viel konsumiert, wie man an anderer Stelle wieder nachwachsen lässt, ist von der bestechend guten, weil so logischen Idee zum Marketingschlagwort geworden. Jeder möchte nachhaltig wirtschaften, arbeiten und leben. Auf der Seite der Wegwerfgesellschaft, der Verschwender will niemand mehr stehen. Verständlich, natürlich. Wer mit Holz arbeitet, hat dabei einen relativ komfortablen Stand – solange er nicht in den Wäldern des Amazonas unwiderbringliche Urwaldriesen umschneidet.

Holz ist der nachwachsende Rohstoff schlechthin. Man kann Reiche und Städte darauf bauen, Kirchen und Schlösser. Man kann Kunstwerke daraus schnitzen, tischlern und drechseln. Der Kreml, Dienstsitz der Zaren und der russischen Herrscher bis hin zu Putin, ist älter als Moskau, heißt es. Auf jeden Fall war der Palast ursprünglich aus Holz. »Krem« nannten die Russen den Teil des Waldes mit dem besten Bäumen, »Kremlevy« heißt Bauholz. In der Umgebung von Moskau gab es weit mehr Holz als gute Steine zum Bauen. Mittlerweile sind die Kremlmauern aus Stein, und niemand weiß mehr, woher das Holz für die ersten Palastwände kam. Es ist vielleicht einfach wieder nachgewachsen.

Venedig steht in der Lagune auf Holzpfählen. Die Hamburger Speicherstadt und das königliche Palais in Amsterdam sind auf Holzfundamenten gebaut. Die Stämme im Wasser sind schier unverwüstlich. Nur wenn es durch Grundwasserabsenkung oder Ähnliches zu Luftkontakt kommt, gibt es Probleme – wie beim Dom von Trier, der auch zum Teil auf Holz steht.

Beständigkeit ist ein entscheidender, ein unterschätzter, aber trotzdem nur ein Teil von Nachhaltigkeit. Verantwortung für die Zukunft ist ein anderer Aspekt. Und schon die Seemächte wie die Venezianer oder die Römer haben für ihre Flotten Raubbau betrieben. Die kahlen, erodierten Hügel Dalmatiens sind die Mahnmale von Umweltsünden, unter denen die Menschen heute noch zu leiden haben.

Wir sind also gewarnt und könnten eigentlich wissen, wozu die Vernichtung von Wäldern führt.

In meiner Heimat hat man es etwas besser angestellt. In den alten Chroniken über das Berchtesgadener Land sind die Folgen des Reichtums der Gegend festgehalten. Unser Gold heißt Salz. Zur Salzgewinnung brauchte man in früheren Jahrhunderten Unmengen von Holz. Um das Salz aus der Sole zu gewinnen, musste das Wasser zum Verdampfen gebracht werden. Das geschah mit Feuer, mit Holz. Die Adeligen und die Bischöfe, die vom Salzreichtum profitierten, erkannten das Problem: ohne Holz kein Salz. Sie sorgten für eine nachhaltige Bewirtschaftung der Wälder, und der Wald wuchs wieder nach. Nachhaltigkeit ist keine Erfindung des 21. Jahrhunderts. Und wir hatten Glück, dass die Erosion den Mutterboden nicht weggespült hat wie in so vielen anderen Weltregionen.

Heute sind Holzexporte nur zu einem geringen Teil für

die Zerstörung der tropischen und anderer Wälder verantwortlich. Viel schlimmer ist der übermäßige Fleischkonsum, der neben immer mehr Weideflächen für immer mehr Tiere immer größere Anbauflächen für Soja nötig macht, oder der Biodieselirrsinn. Massentierhaltung und Monokulturen gefährden Vielfalt und Biodiversität. Wer das nicht will, der kann als Konsument handeln: lieber weniger Fleisch kaufen, dafür regional und bio statt billig. Das Prinzip der Nachhaltigkeit ist uralt, aber leider wird es heutzutage zu oft mit Füßen getreten. Wir dürfen niemanden dazu zwingen, Raubbau an seinen Lebensgrundlagen zu betreiben. Genau das geschieht aber allzu oft. Während wir Zeit haben, gegen die Fällung eines Naturdenkmals zu demonstrieren, würden sie in manchen Dritte-Welt-Ländern auch noch den letzten Baum fällen, wenn sie nur einen Tag länger überleben könnten.

Dass auch heute noch Bäume gefällt werden müssen, sollte eigentlich jedem einleuchten. Zu vielfältig sind die Einsatzbereiche, zu groß der Bedarf. Zusammen mit den Zimmerern und Schreinern, die einen Großteil der Holzverarbeiter ausmachen, sowie den Bildhauern kommen wir Drechsler in der Nahrungskette der Holzkonsumenten aber erst nach der Brennstoffindustrie. Seit 2010 wird in Deutschland erstmals mehr Holz »energetisch verwertet« als verbaut. Das heißt: Es wird mehr verbrannt als konstruiert.

Wir haben den Anspruch und die Fähigkeit, saubere, ja künstlerische Arbeit abzuliefern. Und zugleich können wir wahre Wunderwerke vollbringen mit einem Material, das anderen nur noch als Brennstoff taugt. So wäre es wenigstens in einer idealen Welt. In der Wirklichkeit sieht es etwas anders aus. Wir leben in einer Zeit, da Hackschnitzel und Pellets begehrte Rohstoffe und Brennmaterial sind. Deshalb ist der Häcksler nie weit, wenn irgendetwas gefällt werden muss. Ganze Obstbaumalleen fallen dem Häcksler zum Opfer – sie werden gedankenlos verheizt, obwohl es genügend Leute gäbe, die was Schönes daraus machen könnten. Die Pflege dieser Alleen ist in der heutigen Zeit, in der an allen falschen und richtigen Ecken und Enden gespart wird, zu kostenintensiv. Viele Hölzer könnten als Objekte, als Schalen weiterleben, wenn man als Drechsler schnell genug wäre. Und sie könnten den Handwerker oder den Künstler um Jahrzehnte überleben.

Aber auch wenn wir den Hackmessern zuvorkommen, ist noch nicht alles gut. Es gibt viele Menschen, die gerne drechseln. Sie lernen es im Internet und in Kursen, auch bei mir. Aber nicht alle haben die Ansprüche, die man an das Handwerk stellen sollte. Zu viele geben sich zu früh zufrieden. »Das sieht doch keiner«, ist eine der liebsten Ausreden für Nachlässigkeit. Ich denke, man sollte so arbeiten, dass man das Maximum seiner Fähigkeiten ausreizt. Was herauskommt, wenn man das missachtet, das kann man auf Mittelalter- und Weihnachtsmärkten beobachten. Dort wimmelt es von Halbgekonntem, Gutgemeintem, Mittelmäßigem. Man setzt dort oft auf die Nachsicht der Kundschaft, aber mich ärgert das. So wird dem Handwerk der Respekt verweigert, und man verdirbt es durch niedrige Preise und schlechte Qualität.

Auch der Laie kann erkennen, woran man in unserem Metier gute von schlechter Arbeit unterscheidet. Eine einfache Regel sagt, es sollten maximal zwei Gestaltungselemente eingesetzt werden, zum Beispiel Farbe, Strukturen, ein ausgefallener Rand oder ein zweites kontrastierendes Holz, nie mehr. Ich bin strikt gegen das Prinzip zweite Wahl. Die Ware ist irgendwie fehlerhaft, und irgendwie fällt das dann doch auch auf mich zurück. Verpönt sind auch Kopien anderer Künstler – schon gar nicht ohne Verweis auf das Original. Nachdrechseln geht gar nicht. Grundsätzlich gilt: Je einfacher eine Schale geformt ist, desto schwieriger ist es, eine schöne gleichmäßige Form zu erreichen. Wie so oft: Einfach ist nicht immer leicht. Die Oberfläche (falls sie behandelt ist) sollte sich nicht klebrig anfühlen oder chemisch riechen. Das deutet auf minderwertige Öle hin. Ein leicht wachsiger Griff ist je nach Geschmack sogar wünschenswert, in vielen Ölmischungen sind Wachse enthalten, die den Fingern schmeicheln. Dreht man die Schale um, sollten sich keine Abdrücke vom Spannen der Schale finden. Ein Handwerker, der etwas auf sich hält, signiert seine Arbeit irgendwie. Nicht nur aus Eitelkeit: Er übernimmt damit auch Verantwortung für seine Arbeit.

In der chinesischen Han-Dynastie wachten um die Zeitenwende nicht weniger als sechs Handwerker und sieben Aufseher über die richtige Technik einer einzigen lackierten Tasse. Da konnte sich keiner aus der Verantwortung stehlen. Eine härtere Qualitätskontrolle gibt es wohl kaum.

Eine Schale sollte frei von Ausrissen sein, ein gleichmäßiges Schleifbild soll erkennbar sein. Oft sind Schalen nicht sorgfältig geschliffen. Sie fühlen sich zwar glatt an, es sind aber nicht alle Bearbeitungsspuren ganz entfernt, oder grobe Schleifspuren sind noch vorhanden.

Oft hört man den Satz: »Meine Schalen sind nur mit Olivenöl behandelt, das ist das beste!« Ein Irrglaube. Olivenöl ist keine geeignete Oberflächenbehandlung. Es wird ranzig und härtet nicht aus, wird aber immer wieder gerne als Verkaufsargument genommen. Ist ja so schön bio! Dabei gibt es einige Speiseöle wie Mohnöl, Lein- oder Hanföl, die unschädlich und deutlich besser geeignet sind. Manche Drechsler verwenden nur Bienenwachs, das aufgerieben wird. Die Oberfläche ist zwar lebensmittelecht, aber sehr empfindlich für Wasserflecken. Man muss die Schalen auch gar nicht behandeln. Sie bekommen mit der Zeit eine wunderbare Patina. Wenn eine Brotschale aus Lindenholz täglich in Gebrauch ist, wirkt das helle, weiche Holz schon nach ein paar Monaten wie ein Erbstück.

Es fühlt sich gut an, jung in einem alten Handwerk zu sein. Man lässt Traditionen weiterleben, wandelt in den Spuren der Vorfahren, ist einer von wenigen. Man kann etwas schaffen, von dem viele glauben, es sei unmöglich. Unter den wenigen sind die meisten schon älter. Aber das Alter spielt keine Rolle, wenn die Fähigkeiten stimmen. Über das Handwerk kommt der Kontakt mit dem Echten, dem Ursprünglichen, dem Unverfälschten, man lernt fürs Leben. Das klingt vielleicht ein wenig altklug und altbacken. Aber die Nachhaltigkeit, die mir vorschwebt, die ist keineswegs beschränkt auf die guten alten Traditionen. Im Gegenteil, gerade in einem alten Handwerk, so wie es das Drechseln ist, hat der Begriff des lebenslangen Lernens noch längst nicht den richtigen Stellenwert. Neues wird von den alten Profis nicht nur in Bayern gerne mit einem beliebten Dreisatz abgewürgt: Erstens, »Des hamma ollawei scho so gmacht«, zweitens, »Da kannt ja jeder kemma«, und drittens die entsetzte Schlussfolgerung: »Wo kemmaten ma do hi?«

Ungeheuer viel Sachverstand und Wissen ist über die Zeit zusammengekommen, und dennoch reicht es nicht, die Kenntnisse zu recyceln. Es ist ein Klischee, dass der Lehrmeister auf dem Totenbett all sein Wissen an den Gesellen oder den Lehrbuben weitergibt. Es geht um mehr als nur Technik. Tradition, heißt ein Spruch, der mir gefällt, ist die Weitergabe des Feuers, nicht das Bewahren der Asche.

Es hat für mich großen Reiz, die Zeichen der Zeit zu suchen, zu sehen, sie aufzugreifen und sie in meine Arbeit einfließen zu lassen. Ich arbeite mit einer jahrtausendealten Technik, ich verarbeite jahrhundertealte Hölzer, meine Werkzeuge sind oft dieselben wie vor hundert Jahren. Aber das hindert mich nicht, das fertige Produkt auch über Instagram-

Fotos zu vermarkten. Das ist auch ein ganzheitlicher Ansatz: Ich muss arbeiten, und ich muss mich vermarkten. Wenn ich das nicht tue, bleibe ich mit meiner Qualitätsarbeit alleine. Es reicht nicht, gut zu sein, man muss es auch kundtun. Tu Gutes und rede darüber. Oder, um in unserem Metier zu bleiben: Klappern gehört zum Handwerk.

Es gibt im alten Handwerk nicht so viele neue Techniken. Bei der Drechselei dreht sich das Werkstück seit Jahrtausenden um eine Achse und wird mit Werkzeug bearbeitet. Aber man kann doch das eine oder andere ausprobieren. Ich habe das in den vergangenen sechs Jahren gemacht, meistens nach dem Prinzip Versuch und Irrtum – und bisher hat es auch fast immer geklappt. So habe ich gelernt, Schalen in der Mikrowelle zu trocknen.

Ohne Neugier, ohne Lust am Versuch und ohne Blick für das Mögliche bleibt man eher stehen. Das ist ein durchaus unterschätztes Phänomen. Schaut man sich die traditionelle Nussknackerdrechslerei aus dem Erzgebirge an, wird vielleicht klarer, was gemeint ist. Die Unverwechselbarkeit, von der einst so viele profitiert haben, ist heute weniger gefragt als Einzigartigkeit. Viele sind pleitegegangen. Das ist das Ende jeder Nachhaltigkeit. Heute ist man dort dankbar für jeden Innovator. Die haben dann auch eine Chance zu überleben.

Für mich ist der Sommer der richtige Zeitpunkt für Experimente. Das liegt einerseits am Arbeitsanfall. Es gibt zu der Jahreszeit nicht so furchtbar viel, was dringender wäre. Die Lagerhaltung für das Weihnachtsgeschäft oder die Sichtung möglicher Kandidaten im Wald lässt noch einigen Spielraum.

Man muss sich das Leben als selbstständiger Handwerker langfristig einteilen. Oder, etwas esoterischer formuliert: Man lebt im Einklang mit den Jahreszeiten. Auch das ist ein

Rhythmus der Nachhaltigkeit, ohne den das Handwerkergeschäft den Bach runtergehen würde.

Ganz wichtig dabei und eigentlich ganz selbstverständlich: dem Wald nicht mehr entnehmen, als nachwächst, nicht mehr eingreifen als nötig. Wenn ich mich oder meine Ressourcen nicht schone, raube ich mir selbst meine Lebensgrundlage. Was für den Einzelnen gilt, gilt auch für die Gesellschaft und für die Menschheit.

Perspektiven sind mir wichtig im Leben, auch die Wechsel in der Perspektive. Der Sommer ist nicht nur eine Zeit für Experimente, er ist auch eine Zeit für andere Ansichten. Die Berliner Alternativszene, Schweden oder England sind Reiseziele, die mir den Horizont offenhalten sollen.

Urlaub, was anderes sehen, baden: klasse! Bleibe daheim und nähre dich redlich? Nicht mit mir!

Ich verwende fast ausschließlich Holz aus der Region. Einheimisches Holz ist so facettenreich, dass ich auf Exoten fast ganz verzichten kann. Eine schöne Ausnahme mache ich: Freunde von uns importieren Kaffeebäume und deren Schattenspender aus Südostasien. Kaffeebäume werden zusammen mit schnell wachsenden Bäumen gepflanzt, die verhindern, dass die Kaffeesträucher zu viel Sonne abbekommen. Nach einigen Jahren sind die Pflanzen nicht mehr ertragreich, sie werden dann zusammen mit ihren Beschattern plattgemacht. Die Plantagen werden wieder neu angepflanzt. Bisher konnten die Bauern mit den alten Bäumen nichts anfangen. Jetzt können sie die Bäume und das Holz zu einem fairen Preis an meine Freunde verkaufen. Sie betreiben eine Art Fairhandel. Die Kaffeebäume sind wunderbare Skulpturen und zieren mittlerweile viele Cafés. Das Holz der Schattenbäume heißt Fasanenholz, es ist wunderschön und eignet sich bestens für kunsthandwerkliche Arbeiten.

Ich erlebe Freiheit, aber ich erlebe auch den Wert von Eigenverantwortung. Es geschieht heute allzu leichtfertig, anderen die Verantwortung für alles Mögliche zuzuschieben. Richtig ist: Niemand macht sich selbst alleine. Der Mensch ist ein soziales Wesen, abhängig und angewiesen auf seine Umwelt. Ich finde, das ist aber kein Grund, an seiner Freiheit zu zweifeln. Es gibt sie. Zusammen mit der Eigenverantwortung ist sie eine unserer größten Errungenschaften. Man kann Freiheit leben, man kann Verantwortung übernehmen. Mit allen Chancen und Risiken. Das heißt: Man kann selbstbestimmt entscheiden, wohin man will, wohin die Reise gehen soll. Man kann Erfolg haben, man kann aber auch krachend scheitern. Das ist der Preis der Freiheit. Vorausdenken, vorausplanen, Alternativen ausdenken, Enttäuschungen einkalkulieren – auch eine satte, unerwartete Steuernachzahlung. Auch das gehört dazu.

Man sollte immer an morgen denken, an übermorgen, an nächstes Jahr. Ein Business ist wie ein Ökosystem, bereits kleine Veränderungen können weitreichende Folgen haben.

Und doch ist das »Machergefühl« etwas ganz Besonderes. Wir wollen etwas mit den eigenen Händen schaffen. Das bereitet uns Stolz und Zufriedenheit. Es ist ein Bedürfnis, das seit frühester Menschheit in uns steckt. Aber nicht jeder kann es sich erfüllen.

Für mich persönlich hat das Handwerk einen weiteren, angenehmen Nebeneffekt. Ich habe mich immer schwergetan als »Punk« in unserer bäuerlich geprägten Ortsgesellschaft. Ich war nie im Trachtenverein oder bei der Feuerwehr. Da steht man dann leicht am Rand. Mit der Arbeit in dem traditionellen Handwerk, mit dem Erfolg hat sich das drastisch geändert. Es ist nicht so, dass es mir viel bedeutet. Aber ehrlich gesagt freut mich die Anerkennung. Vielen gefällt auch, dass ich, ausgerechnet ich, jetzt Bayernbotschafter sein soll. Es gefällt mir auch selbst, dass ich den Bayernbegriff um einige Facetten erweitern kann.

Meine Therapeutin damals während der Psychotherapie hat gesagt: »Du sollst nicht die Anerkennung da suchen, wo du sie willst, sondern wo du sie kriegen kannst.« Mein Vater wäre sicher sehr stolz gewesen, wenn ich Ingenieur geworden wäre, aber »ein Gschdudierter« hätte bei ihm nie denselben Stellenwert wie ein solider Handwerker.

Menschen können oft nur das anerkennen, was sie selbst schätzen. Bekommt man Zuspruch und Anerkennung woanders, fühlt es sich oft »nicht richtig« an. Aber, das habe ich gelernt, da muss man drüber stehen. Mit meinem Handwerk bekomme ich alle Anerkennung, die ich will.

11 Holz als Lehrmeister

Es sollte eine ganz besondere Schale werden. Ein Objekt von erhabener Eleganz – das jetzt zerbrochen und zersprungen vor meinen Füßen liegt.

Eine wunderschöne Wucherung an einer gefällten Buche hatte ich im Wald entdeckt, groß wie ein Autoreifen. Mit viel Geduld hatte ich sie über Wochen hinweg immer wieder angeschaut und überlegt: Was ist die optimale Form? Als ich die richtige Eingebung hatte, sah ich die Schale fertig vor meinem geistigen Auge. Eine Form wie ein breiter Blütenkelch, die sich beim Trocknen sensationell verformen würde. Mit großer Vorsicht war ich zu Werke gegangen und jetzt das. Ein unachtsamer Moment, das Werkzeug verhakt sich. Das hauchdünne Objekt fliegt mir in seinen Einzelteilen um die Ohren.

Man denkt nicht gerne zurück an solche Enttäuschungen, aber sie passieren. Am liebsten würde ich mich in solchen Momenten auf den Boden der Werkstatt setzen und heulen. Man kann sich die Haare raufen und sich kaputtärgern. Aber wenn die erste Wut verraucht ist, bleibt die Erkenntnis: Rückschläge sind eine wertvolle Lektion, aus der man lernen kann. Holz ist ein Lehrmeister für uns, manchmal ein recht strenger.

Was ist schiefgelaufen an diesem einen Tag, an dem es mir so wichtig war, etwas ganz Besonderes zu schaffen? Ich habe einfach nicht aufgepasst. Man muss sich konzentrieren bei solchen Projekten, in jeder Phase, bis zum Schluss. Wer das nicht wahrhaben will, der steht im schlimmsten Fall nach einem Haufen Arbeit vor einem Haufen Brennholz.

Jedes Holz ist anders, das weiß jeder Lehrbub und jeder, der sich im Wald aus dem erstbesten Stück Holz Pfeil und Bogen basteln wollte. Es reicht nicht, im Rahmen eines Lernprozesses die einzelnen Sorten bestimmen zu können. Jedes Stück ist unter Umständen anders. Man muss immer wieder mit Überraschungen rechnen. Das ist bei Menschen nicht anders als bei Eichen und Buchen.

Wie oft schon habe ich einen Bergahorn angesehen und mich gefragt: Setzt sich hinter der sich wellenden Rinde die interessante Struktur fort? Oder bei einem Nussbaum: Bleibt die Schönheit hinter der Fassade? Holz hat mich gelehrt, genau hinzuschauen. Der Vorteil ist, man kann sich Zeit lassen beim Betrachten seines Werkstücks. Es läuft nicht weg. Allerdings muss man sich diese Zeit auch nehmen. Vielleicht ist das sogar die wichtigste Botschaft: Zeit lassen. In den wenigsten Fällen muss man wirklich schnell sein. Und: Die Dinge überstürzen ist nie die beste Idee!

Die Details, auf die es ankommt, die den Unterschied machen zwischen einem guten und einem hervorragenden Werkstück, aber auch zwischen brauchbar und Brennholz, sind nicht immer sofort erkennbar. Erfahrung lehrt uns eine Menge, man kann auch in Büchern nachschauen, aber im Zweifel hilft einem nur der genaue Blick auf das einzelne Stück.

Das ist eine Erkenntnis aus meinem Beruf, die mir auch beim Umgang mit Menschen hilft. Der erste Eindruck, den meine Nachhilfeschüler auf mich machen, nützt zunächst nicht viel. Man muss sich die Kandidaten erst im Einzelnen anschauen und viel Geduld mit ihnen haben. Sie sind grundverschieden. Das Einzige, was sie zunächst gemeinsam haben, ist der Wunsch, besser zu werden. Oder besser gesagt, das wünschen sich zumindest die Eltern. Davon gehe ich erst einmal aus.

Die Mathematik hat es mir seit Schulzeiten angetan. Ich finde sie spannend, ich finde sie ästhetisch, und ich finde sie schön. Mathe kann begeistern. Einer meiner Mathelehrer erzählte uns, wie er morgens am spiegelglatten See Wellen machte. Er wollte mal erleben, wie das im realen Leben aussieht, was sich an der Tafel durch Funktionen und Formeln ausdrücken lässt.

Heute unterrichte ich Schüler von der Unterstufe bis zum Abitur. Es ist mein zweites Standbein.

Auch aus dem Holz, mit dem ich zu tun habe, will ich das Beste herausarbeiten. Zumindest in meinen Augen ist Drechseln eine der vornehmsten Behandlungsarten, mit denen man den wertvollen Rohstoff gestalten kann. Das denken Schreiner und Holzbildhauer aber auch. Die einzige Gemeinsamkeit, so scheint es manchmal, ist der Rohstoff. Die Anforderungen an das Holz, die Bearbeitung und die Ergebnisse sind oft komplett unterschiedlich. Das musste ich feststellen, als ich die ersten Schreinerarbeiten in meiner neuen Werkstatt erledigt habe. Das ist eine ganz andere Baustelle.

Schreiner sind gelegentlich schwierige Kandidaten bei Drechselkursen. Sie denken, sie wüssten ohnehin alles übers Holz, was man dann erst mal widerlegen muss. Heinz, ein sehr erfahrener Kollege von mir, hat mal im Kurs zu einem Teilnehmer gesagt: »Ein Schreiner weiß so viel über Holz wie ein Friseur.«

Der Ehrgeiz, ein unbehandeltes Stück gut aussehen zu

lassen, beflügelt mich. Und ich denke, auch Menschen kann man gut aussehen lassen, wenn man sie richtig anpackt, wenn man sie richtig behandelt, wenn man ihnen mit Respekt begegnet, wenn man die guten Seiten freilegt. Oft findet sich Potenzial, mit dem man Defizite ausgleichen kann.

Passt die ganze Richtung nicht, ist man mit dem Verhalten, der Vorgehensweise eines Menschen nicht zufrieden, dann sagt man gelegentlich: Das geht mir gegen den Strich! Genau die gleiche Reaktion kann Holz auch zeigen. Bearbeitet man es gegen die Faser, reagiert es unterschiedlich widerborstig. Manche lassen es sich gefallen, andere kaum, wieder andere gar nicht. Auf jeden Fall ist kein Stück Holz davon begeistert, so wenig wie eine Katze, die man gegen die Fellrichtung streichelt. Ich würde nicht so weit gehen, dem Holz Gefühle zuzusprechen, aber man sollte es richtig anpacken.

Die Natur gilt gemeinhin als grausam, und so gehen auch Bäume durch eine harte Schule. Man sieht es im Wald, wie sich die Jungen strecken, wie sie nach oben schießen, dem Licht und der Sonne entgegen. Und wie sie dabei irgendwann schneller oder langsamer werden. Greift der Mensch nicht ein, dann ist das Auslese nach Darwin. Die Großen gedeihen und wachsen, die Kleinen kümmern und bleiben im Unterholz. Am Anfang sind sie alle biegsam, die Rinde ist glatt und makellos. Erst mit den Jahren, den Stürmen und den Wintern, den Feinden und den Angriffen kommen die Spuren des Lebens.

Oft sind das Spuren, die Bäume zu Geschichtenerzählern werden lassen. Erstaunlich häufig hat die Geschichte eine Moral nach dem Motto: Ihr kriegt mich nicht unter!

Da ist die Tanne, die vor Jahren einfach mal abgeschnitten wurde – von wem, weiß keiner mehr. Vielleicht hat nur mal wieder jemand einen Christbaum geklaut. Jedenfalls setzte die Säge damals zu hoch an. Im nächsten Jahr wuchs seitlich aus dem Stumpf ein neuer Trieb, der zum Stamm wurde. Der erste Stamm war weg, der Lebenswille nicht. Und so machte der Trieb eine Neunzig-Grad-Wendung aus der Waagrechte in die Senkrechte. Jahrzehnte ist das her. Der Ausdruck Lernkurve bekommt hier einen ganz neuen Sinn.

Es gibt massenhaft Anschauungsunterricht bei uns im Wald. Weder Weidezäune noch Stromleitungen halten das Wachstum auf. An einem meiner geheimen Lieblingswege steht eine Fichte; sie ist riesig, und sie hält sich aufrecht – unter krasser Missachtung aller physikalischen Gesetze. Ihre Wurzeln gehen nur auf einer Seite des Stamms in den Boden, auf der anderen sind keine Wurzeln mehr, aber ein Hohlweg. Man kann von dort aus sogar in einen großen Hohlraum unter den Stamm schauen. Längst hätte die Fichte auf den Weg fallen müssen. Hätte. Tut sie aber nicht!

Es gibt Bilder von uralten Olivenbäumen, die sich über Geröll und ganze Felsen »hinwegsetzen« – im Wortsinne. Wenn es der Stabilität dient, werden Steine einfach im Wurzelwerk integriert. Mir zeigt das: Man kann sich in den widrigsten Umständen durchsetzen. Auch in der lebensfeindlichsten Umgebung kann man Wurzeln schlagen, oder: Man sollte die kleinste Chance nutzen. Es gelingt nicht jedem. Aber es kann gelingen.

Holz hat mich gelehrt, flexibel zu sein. Man kann sich selbst treu bleiben und sich gleichzeitig den Gegebenheiten anpassen.

Die Bäume geben die Unerbittlichkeit der Natur an diejenigen weiter, die das Holz bearbeiten. Ein Baum, der unter Spannung oder an exponierter Lage gewachsen ist, lässt sich auch schwerer bearbeiten. Ich hatte einen Ahorn, der musste am Steilhang mühevoll gekrümmt in die Senkrechte wachsen. Die ersten Objekte, die daraus entstanden, waren so verzogen, dass ich sie verheizen musste. Erst bei den nächsten

Schalen habe ich gelernt, die Spannung richtig einzuschätzen und einzusetzen.

Meine Arbeit verzeiht wenige, ganz wenige Fehler. Deshalb, und auch das ist eine Lektion des Lehrmeisters, muss man die Pläne zu Ende denken, bevor man zur Tat schreitet. Holz lehrt vorauszuschauen.

Der Wald, die Bäume, das Holz lehren uns, das Unerwartete zu erwarten. Hinter der Rinde steckt die spektakuläre Maserung oder der verschluckte Wegweiser oder der vergessene Isolator einer aufgegebenen Stromleitung. Der Baum war Teil des Fortschritts und Zeuge der Geschichte – bis er sie lautlos und langsam verschluckt hat. Man lernt aber auch, Unvorhersehbares in das Werkstück zu integrieren. Wenn man einen überwachsenen Ast oder einen Riss von außen nicht sieht, dann muss man unter Umständen vom Plan abweichen und improvisieren, um dem Holz gerecht zu werden. Vor Jahren hatten wir einen Herbst mit frühem Schnee. Die Bäume waren noch gar nicht alle entlaubt, das Gewicht des nassen Schnees drückte die Äste herunter. Es wundert mich immer wieder, wie viel die Bäume aushalten. Und dann gibt es doch immer wieder den Moment, an dem es zu viel wird. Auch da brechen plötzlich Bäume, die scheinbar top in Schuss waren. Es knicken Äste, die kerngesund schienen, und an den Bruchstellen zeigen sich morsche Stellen, die von außen nicht erkennbar waren.

Das erinnerte mich an meine Krankheit vor einigen Jahren. Auch da habe ich mich oft gefragt, wie sehr man sich verbiegen kann, bevor man bricht. Und in der Klinik habe ich festgestellt, wie individuell verschieden das ist. Als ich ganz unten war, habe ich mir manchmal sogar gewünscht, einfach brechen zu können. Ich wollte nicht mehr tragen. Im Nachhinein bin ich froh, dass es nicht so gekommen ist, dass ich mich wieder aufrichten konnte.

Das Leben zeichnet nicht nur uns Menschen, sondern auch Bäume. Die Stellen, an denen der Baum verletzt wurde, heilen zwar meist, es bleiben aber Narben. Der Baum, der in seiner Jugend die Schönheit der Unschuld besessen hatte, bekommt den würdevollen Charakter der Alten. Er wird knorrig, er zeigt Spuren der Zeit. Er wirkt mächtig und erhaben. Ihm kann scheinbar nichts und niemand etwas anhaben. Diese Bäume sind es, die unseren Blick festhalten und faszinieren. Wieso scheuen sich die Menschen, ihre eigenen Spuren des Alters zu zeigen? Falten werden unterspritzt, Gesichter und Gesäße gestrafft, Altersflecken entfernt. Es wird kaschiert, geschummelt und getrickst. Ich finde, man darf einem Menschen ansehen, was er erlebt und durchlebt hat. Wir sollten es halten wie die Bäume, die ihre Spuren wie eine Auszeichnung tragen.

Holz demonstriert Beständigkeit auf die denkbar schönste Weise. Dass Altern nichts Schlimmes ist und dass sich unter einer verwitterten Patina noch immer Holz in all seiner Stärke und Kraft versteckt, das kann der Anblick eines schönen Baums vermitteln.

Holz lehrt uns Beharrlichkeit, zugleich aber die Notwendigkeit, flexibel zu sein und zu improvisieren. Ich versuche das auch bei meinen Schülern anzuwenden, die durchaus noch formbar sind, andererseits aber nicht immer richtig motiviert. Ich bin Drechsler und kein studierter Pädagoge, aber ich muss wissen, wie ich das Beste in meinen Schülern aktiviere. Dass der stille Zurückhaltende anders angepackt werden muss als das Draufgänger und Angeber, dass Lob und Ansporn manchmal besser sind als Kritik und Anschiss, das ist auch eine Lehre aus dem Umgang mit Holz.

Bäume sind ehrliche und unbestechliche Chronisten. Sie verraten die Hauptwindrichtungen, zeigen, woher die Unwetter kommen, sie zeugen von schlechten Jahren und von guten, von Dürren, Unwettern und Stürmen. Wer die Jahresringe liest, der kann nicht nur das Alter bestimmen. Er wird erkennen, dass kaum zwei Jahre gleich verlaufen – und folglich auch in Zukunft nicht verlaufen werden. Mal liegen die Ringe eng beieinander wie in schweren Jahren mit wenig Wachstum, plötzlich gibt es wieder einen Schub. Da ist es dem Baum besser gegangen. Und was für den Baum gilt, darauf können wir auch hoffen. Der Amerikaner Bryan Nash Gill hat daraus große Kunst gemacht. Er bearbeitete Baumscheiben mit einer Lötlampe. Die weichen Bereiche der Jahresringe verbrennen schneller. Er bürstet das Verbrannte aus, die Baumscheiben werden zu Druckplatten. Die Drucke sind jeder für sich ein Kunstwerk der Natur, in ihrer Einfachheit, Komplexität und Schönheit nicht zu überbieten.

Das kann einen aufbauen, und es vermittelt Hoffnung, die wir manchmal ganz gut brauchen können in diesen schweren Zeiten. Wenn wir auf die eng beieinander stehenden Ringe schauen, können wir dennoch wieder auf fette Jahre hoffen. Wir können selber etwas dafür tun, aber wir müssen auch Geduld haben.

Man kann Holz lesen, man kann seine Botschaften annehmen und verstehen, und man kann lernen, dass man ihm nichts aufzwingen darf.

Hat man einen ganz bestimmten Plan im Kopf, dann muss man unter Umständen warten, bis das richtige Stück auftaucht. Wenn ich heute an meine Maschine gehe, dann mache ich das mit anderen Gedanken als noch vor Jahren. Am besten man spannt ein Stück Holz ein, macht mal los und fragt dann: Was willst du werden? So klappt's erfahrungsgemäß am besten. Manche Stücke wollen eine konkave Schale werden, andere eine konvexe, manche eine hohe, andere eine flache – und einige gar keine.

Man kann nichts erzwingen, aber das gilt ja auch fürs

Leben. Man muss es erkennen und es sich eingestehen. Das Leben hat auch mich angeschaut, als rohen Klotz, und es hat sich gefragt, was mach ich nur aus dir?

Ein Ingenieur ist nicht aus mir geworden, das hätte mich nicht glücklich gemacht. Ein angestellter Formenbauer, das wäre mir ein Graus gewesen. Kein begnadeter Gitarrist und kein großartiger Judoka. All diese Beschäftigungen haben mich mit geprägt. Aber erst mit dem Holz wurde es besser, wurde es gut. Wir verstehen uns – und ich höre nicht auf zu lernen.

Baumporträt: die Wildkirsche

Es gibt einen deutschen Professor, der hat sie tatsächlich gezählt: alle Blüten eines wilden Kirschbaums. Der Wissenschaftler ist großer Fan dieses wunderbaren Gewächses. Der Professor hat seine Studenten im Rahmen einer Outdoor-Vorlesung zum Blütenzählen abkommandiert. Weil er es konnte. Sie kamen auf 980 000, möglicherweise hat sie das gefreut. Den Professor hat die Zahl jedenfalls beeindruckt.

Das geht mir ähnlich, aber für den Zauber einer Kirsche am Waldrand, die pünktlich Anfang Mai in strahlendem Weiß explodiert, brauche ich keine Zahlen, ich schau einfach hin.

Die Kirsche ist ein Showtalent unter den Bäumen. Im Herbst feuert sie einen Farbenrausch in ihrem Laub ab. Selbst im kahlen Winter macht sie was her mit ihrer dekorativen Rinde. Im Frühjahr sind es die Blüten, im Sommer gibt's die Kirschen. Die dunkelroten Früchte sind kleiner und saurer als die Zuchtform, aber essbar. Heute werden sie vor allem für Marmeladen und zum Brennen von Schnäpsen verwendet.

Auf die Früchte stehen die Menschen, vor allem aber die Vögel. Daher kommt der Zweitname Vogelkirsche. Weil es die Konkurrenz zwischen Mensch und Vogel gibt, haben wir immer wieder komische Szenen im Nachbargarten erlebt. Der Kirschbaum war sorgfältig mit einem Netz umhüllt –

zur Vogelabwehr. Tatsächlich war das für die aber kein Hindernis, sie fanden immer eine Lücke. Sie fraßen sich satt, brauchten höchstens ein wenig länger, um wieder rauszufinden. In der Zwischenzeit fraßen sie dann noch ein paar Kirschen …

Kirschholz ist wertvoll, es taugt als Furnier für teure Möbel. Auch als Drechsler verwende ich es gerne. Es duftet nach Kirschwasser in der Werkstatt, wenn es bearbeitet wird. Kirschholz dunkelt wie einige andere Hölzer bei Lichtkontakt relativ stark nach. Das musste ich schmerzlich erfahren, als ich Schalen ineinanderstapelte: Sie wurden dort braun, wo die Sonne hinkam. Es ist wie ein Bräunungsstreifen am Armansatz vom T-Shirt. Seitdem dunkle ich meinen Lagerraum ab.

Meine Geschichte mit Kirschholz ist eine persönliche auf mehreren Ebenen. Mein Opa war leidenschaftlicher Angler. Zu seinen Spezialitäten gehörte das Räuchern seines Fangs, und dazu bevorzugte er das Holzmehl von Obstbäumen, insbesondere von Kirsche. Der fruchtige Geschmack überträgt sich über den Rauch auf den Fisch. Es ist ein Geschmack, der mich immer an meinen Opa erinnern wird.

12 Holz als Schüler

Die besten Lehrer laufen nicht mit erhobenem Zeigefinger durch die Gegend. Sie dozieren nicht von oben herab, was richtig und was falsch ist. Sie nehmen sich Zeit, sie beobachten ihre Schüler, sie gehen auf sie ein. Sie sind bei Gelegenheit einfühlsam und nachgiebig, und wenn es sein muss, sind sie streng. Gute Lehrer sind empfänglich. Sie sind bereit, selbst dazuzulernen. Genau diese Eigenschaften zeichnen Holz, meinen großen Lehrmeister auch aus. Holz ist nicht nur ein guter Lehrer, Holz ist auch ein guter Schüler. Aber nicht jeder kann ihm etwas beibringen.

Wenn ich in meinem Holzlager stehe und mich einmal um die eigene Achse drehe, sehe ich achthundert Schalenrohlinge in allen Größen aus circa zehn Holzarten. Sie sind alle meine Schüler, und sie haben alle unterschiedliche Bedürfnisse. Manche sind jung und müssen sich erst formen, andere sind ältere Semester und stehen kurz vorm Abschluss. Bei manchen wird alles glatt laufen, andere sind widerborstig.

Es riecht nach den Neuankömmlingen; die älteren Hölzer haben ihren Duft schon weitgehend verströmt. Hier sitze ich manchmal und lasse mich inspirieren. Die Hölzer warten auf meinen Einsatz, sie geben mir aber auch Ideen. Wer kommt als Nächstes dran? Soll es wieder eine Schale sein oder mache ich zur Abwechslung Kugeln, Dosen oder Flaschenöffner aus den rund tausend Kanteln, die hier gestapelt sind?

Papier ist geduldig, Holz ist nicht minder geduldig, es lässt sich formen, biegen, gestalten – fast ohne Grenzen kann man alles damit machen, wenn man die richtigen Techniken beherrscht.

Jedem fällt da zunächst die Baumschule ein, in der die Gewächse vieles lernen – außer allzu tiefe Wurzeln zu schlagen. Denn meistens sollen die Bäume ja später noch verpflanzt und versetzt werden. Wie die jungen Gewächse da so in Reih und Glied stehen, das wirkt oft seltsam. Wer mal in Südfrankreich am Straßenrand die mächtigen Palmen und alten Olivenbäume in schwimmbadgroßen Wurzelbecken gesehen hat, der weiß vielleicht, was gemeint ist. Baumschulen haben den Charme von Kadettenanstalten. Sie sind zwar nicht natürlich, aber faszinierend.

Manchmal werden dort auch Bäume veredelt. Und wie man zwei Stücke Holz zusammenwachsen lassen kann, die eigentlich nicht zusammengehören, das hat was. Die besondere Technik, das Aufpfropfen fremder Triebe, ist eine Kunst für sich. »Veredelungen« hat sich der Mensch im Prinzip von der Natur abgeschaut, denn auch im Wald wachsen Wurzeln zusammen. So kann es vorkommen, dass die Wurzeln zweier Ulmen zusammenwachsen. Sie können so Nährstoffe und Wasser teilen. Leider können so auch Krankheiten übertragen werden. Das ist – nebenbei – ein Grund für das Ulmensterben, das wir in Deutschland gerade erleben.

Besonders beeindruckt bin ich immer wieder von der Ästhetik der Asiaten und ihrem Einfallsreichtum, die Natur zu gestalten. Die Bonsaibäume der Japaner sind für mich wie ein Fenster zum Wald. Die Meister und die Besitzer der Bäume können in der winzigsten Stadtwohnung, einen Kilometer entfernt von der nächsten Grünfläche, eine Atmosphäre von Natur herstellen. Und das Beste daran: Die Miniaturlandschaften wirken natürlich. Geschrumpft zwar, aber ungekünstelt. Die Welt in der Nussschale. Das ist für mich Eleganz und hohe Kunst.

Darin liegt auch der Unterschied zu den Buchsbaum- und Eibenskulpturen französischer oder englischer Gärten. Auch dafür werden die Pflanzen bearbeitet, beschnitten, geformt. Die geometrischen Formen, die strengen Linien, die manchmal auch kitschigen Objekte (Lokomotiven!), das ist alles nicht so mein Geschmack. Hier wird die Natur so in Form gebracht, dass sie außer Form gerät.

Geschmack ist subjektiv, und von der Geduld und Gelehrigkeit des Holzes profitieren alle, die mit Holz zu tun haben, natürlich auch wir Drechsler.

Wie oft hören wir, man soll »das Beste herausholen« – aus sich selbst, heißt das meistens. Aber wenn ich einen Rohling aus Holz in die Hand nehme, dann will ich auch aus ihm das Beste rausholen. Und nach meiner Vorstellung ist das meistens eine Schale. In diesem groben Klotz ist ein schönes, womöglich ein perfektes Stück verborgen – vielleicht sogar ein Kunstwerk. Wenn wir gut zusammenarbeiten, als Lehrer und Schüler, auch in wechselnden Rollen, wenn wir die richtige Basis finden, dann wird am Ende das gute, vielleicht das perfekte Objekt herauskommen. Diese Kooperation, diese Wechselwirkung ist das Geheimnis einer guten Lehrer-Schüler-Beziehung, beim Holz wie beim Menschen.

Die Schale, die mir vorschwebt, muss gut aussehen, sie muss optisch und technisch funktionieren. Sie muss etwas ausdrücken und etwas darstellen.

Sie soll aber auch Dinge in sich aufnehmen können, einen harmonisch gestalteten Hohlraum haben. Die Vertiefung darf nicht zu groß und nicht zu klein sein. Die Schale darf nicht kippeln und muss standfest sein (außer, es handelt sich um eine Wackelschale). Eine Menge Anforderungen, und das Holz an meiner Drechselbank folgt jeder meiner Anweisungen wie ein gelehriger Schüler. Das habe ich mir oft gedacht. Dabei bin es am Ende doch immer ich, der etwas dazugelernt hat.

Das war schon als Teenager so. Damals hatte ich mich wie so viele faszinieren lassen vom unheimlichen und mystischen Klang der Didgeridoos. Die Aborigines verwandeln Räume, Täler und Schluchten mit den brummenden Tönen aus den meterlangen, ornamental oder mit Tierzeichnungen verzierten Blasrohren in eigene Klangwelten. Die Schwingungen gehen durch Mark und Bein. Zwei alte Stemmeisen vom Opa, die Bandsäge von meinem Großonkel und ein bisschen Ausdauer haben mir damals geholfen, mein eigenes Didgeridoo zu bauen. Der Vater hat mir ein Stück Esche der Länge nach halbiert, ich habe die Hälften ausgehöhlt und nachher sauber verleimt. Nach zwei bis drei Tagen war das Instrument gebrauchsfertig. Ich habe geübt und ein bisschen Spielen gelernt. Mit ein paar Freunden sind wir in die Berge und haben es kräftig brummen lassen. Die nötige Zirkularatmung allerdings, die Technik, die für das ununterbrochene Blasen nötig ist, an der bin ich gescheitert. Deshalb begann das Ding irgendwann in der Ecke zu verstauben.

Es war ein kurzer Ausflug in den Instrumentenbau. Die Meister ihres Fachs zeigen mit ihren Gitarren, Geigen und Klavieren, welch wunderbare Töne sie ihrem »Schüler« Holz entlocken können.

Auch für mich war es eine schöne Erfahrung, denn eine Anleitung habe ich nicht gehabt. Und ich habe sie für das vergleichsweise simple Didgeridoo auch nicht gebraucht. Von dieser Art von Erfolgserlebnissen lebe ich bis heute.

Ideen mit Holz Wirklichkeit werden lassen – das verschafft

mir Motivation und Befriedigung, die ich lange vermisst habe. Und mit ein paar selbst gebauten Segelflugmodellen habe ich dem Holz sogar mal das Fliegen beigebracht. Wir haben hier in den Bergen im Sommer oft eine wunderbare Thermik. Es gibt Hänge an der Rossfeldstraße und Tage im Frühjahr, da ist es fast schwieriger, das Modell wieder zum Landen zu bringen, als es steigen zu lassen. Die Szene trifft sich am »Bankei«, wenn die Bedingungen stimmen. Nur die Steinadler und Habichte sind nicht so begeistert. Sie attackieren schon mal die Flugmodelle, wenn sie dem Horst der Vögel zu nahe kommen.

Seitdem ich mit Holz professionell arbeite, ist mir seine Formbarkeit noch viel bewusster geworden. Manchmal ist sie sehr sinnvoll. Für die geschwungene Stuhllehne ist die Dämpfmethode zum Biegen ausgesprochen praktisch. Unter Dampf flexibel gemacht, später in Form gepresst, hält das Holz die gewünschte Gestalt.

Auf unseren Maschinen drechseln wir Dosen mit passendem Deckel. Wir sind stolz, wenn sich beides mit einem satten »Plopp« voneinander löst – dann haben wir gut gearbeitet. Wenn es noch etwas komplizierter sein soll, dann drehen wir dem Holz ein Gewinde an. Wenn es reibungslos schließt, dann sind wir gut.

Manche Kollegen denken an die letzten Dinge: Sie drechseln Urnen. Aus den Lieblingsbäumen ihrer Kunden lassen sich finale Ruhegefäße drehen. Schöner als Särge sind sie allemal.

Persönlich finde ich sinnlose Formen sogar noch spannender. Die Kugel steht für geometrische Perfektion. Obwohl es den meisten wie ein Rätsel erscheinen mag, ist es relativ einfach, eine zu drechseln. Durch das Drehen wird das Holz schon einmal um eine Achse rund, der Rest wird frei Auge, durch mehrmaliges Verdrehen oder mithilfe einer Vorrichtung gedreht.

In der Natur hat alles seinen Sinn, eine Kugel ist sinnbefreit. Man kann sie nur irgendwohin – ja, was? Stellen? Legen? Natürlich lädt sie auch immer wieder dazu ein, in die Hand genommen, gestreichelt und gemustert zu werden. Man kann jedes Mal neue Facetten und Wunder in ihr erkennen. Sie hat kein Oben und kein Unten, keine Vorder- und keine Rückseite. Sie ist wie ein unbekannter Planet, der immer wieder mit einer neuen Maserung, einem besonderen Schimmer oder einer anderen besonderen Stelle beeindruckt.

Vor zwei Jahren habe ich im Rahmen eines Belastungstests – ich teste Maschinen für Maschinenhersteller und versuche, sie an ihre Grenzen zu bringen – eine Kugel mit über einem halben Meter Durchmesser gedrechselt. Der Rohling war um die 150 Kilo schwer, er hat mir ziemlich viel abverlangt, bis die Kugel fertig war. Bis jetzt hat sich noch kein Käufer gefunden. Das macht aber nichts, irgendwann kommt schon der Richtige, und bis dahin kann ich mich jeden Tag an ihrem Anblick erfreuen!

Eines der abgefahrensten Dinge, die man drechseln kann, sind wohl chinesische Kugeln. Das ist eine hohle Kugel in einer hohlen Kugel in einer hohlen Kugel. Die einzelnen Kugeln sind so durchbrochen, dass man die inneren sehen kann. Optisch vielleicht eher etwas für Opas Vitrine, aber handwerklich von außergewöhnlicher Schwierigkeit.

Man kann Holz auch das Tanzen beibringen. Sehr gerne drechsle ich Kreisel. Nicht die mit der Peitsche, sondern die mit einem dünnen Stiel, die man zwirbeln und auf ebener Fläche wirbeln lassen kann. Besonders die ersten Sekunden sind immer wieder faszinierend. Je schneller sich das Ding dreht, desto unbewegter scheint es auf seiner Spitze zu stehen. Erst mit nachlassender Drehzahl gewinnt die Schwerkraft wieder die Oberhand über die Fliehkraft. Was für ein schönes kleines Drama. Heute ist der Kreisel leider bei vielen Kindern aus der Mode gekommen, und viele können keinen mehr starten – dabei dachte ich ewig, so etwas gehört zur Allgemeinbildung. Immer wenn ich an meiner Box mit den Kreiseln vorbeilaufe, schnappe ich mir einen und lasse ihn auf der Spitze drehen.

Kreiseldrechseln ist gar nicht so einfach. Je kleiner die Tänzer sind, desto homogener muss das Holz sein und desto weniger Äste und Unreinheiten sind erlaubt. Sonst brechen sie schon beim Drechseln oder laufen nicht rund. Deshalb ist ein geschulter Blick auf den Rohling und ein bisschen Glück bei der Bearbeitung nicht schlecht als Voraussetzung. Buchsbaum und das Holz von Obstbäumen eignen sich besonders gut für die Dreher.

Ein beliebter Wettstreit auf Drechslertreffen ist der Kreiselwettbewerb. Man drechselt so schnell wie möglich einen Kreisel und startet ihn. Die Zeit, die er sich dreht, wird von der Produktionszeit abgezogen. Es gewinnt der mit der geringsten Differenz.

Kreisel sind auch gute Kindermädchen. Eltern mit Quengelkindern in meinem Laden sind nicht so dankbare Kunden. Entdecken die Kleinen aber die Kreisel, sind die anderen, empfindlicheren Ausstellungsstücke nicht mehr so attraktiv – und nicht mehr so zuckerfingergefährdet. Das beruhigt die Nerven: die der Kinder, die der Eltern und nicht zuletzt meine eigenen. Der erste Effekt guter Erlebnispädagogik ist gelungene Ablenkung.

Es gibt auch Drechsler, die Bilder nicht malen, sondern drechseln. Auch das läuft unter sinnloser Ästhetik – oder eben Kunst. Mein verstorbener Kollege Lüder Baier machte Collagen, Mosaike und Versatzstücke wie in einem Setzkasten. Er setzte sie in einen Rahmen und verzierte so die Wände seiner Kunden. Das sagt mir sehr zu. Ich scheue mich, von Vorbildern zu reden. Müsste ich aber welche nennen, wäre sein Name dabei.

Manchmal allerdings gibt es Formen, die kann man nicht mehr verbessern. Ist Holz im Normalfall ein Schüler, so gibt es auch die Solitäre, die Genies, an denen man sich gar nicht erst vergreifen sollte.

Kürzlich kam eine Bekannte mit einem Stück Treibholz vorbei, einem Mitbringsel von ihrem Strandurlaub. Daraus wollte sie irgendwas gedrechselt haben. Ich habe es aber einfach nicht übers Herz gebracht, die wunderbare verwitterte Oberfläche zu überdrechseln. Ich habe einen schönen Sockel aus einem alten Rotweinfass hergestellt und das Treibholzstück mit einer dünnen Stange aus Edelstahl darauf befestigt. Jetzt kommt es wunderbar zur Geltung. Es kann mit seiner einzigartigen Oberfläche jedem seine Geschichte erzählen, der in der Lage ist, hinzuschauen. Eine Eigenschaft, die einen guten Lehrer auszeichnet – und einen guten Schüler.

Arbeitseinblick: das Werkzeug

Manche Leute trinken eine Tasse Tee. Sie werfen den Wasserkocher an, hängen einen Beutel in die Kanne und schlürfen das Gebräu mit mehr oder weniger Genuss. Punkt.

Man kann die Sache auch anders angehen, mit viel Aufwand, von den Rohstoffen und Zutaten angefangen, über die Utensilien bis hin zum zeitlichen und räumlichen Rahmen. Die Chinesen und Japaner kennen das. Wer schon mal eine Teezeremonie miterlebt hat, der glaubt nicht mehr, dass es sich um bloßes Getue handelt.

Ich muss manchmal daran denken, wenn ich mein Werkzeug schärfe. Auch das soll oft schnell gehen, soll seinen Zweck erfüllen. Aber manchmal lohnt es sich, auf Schnelligkeit zu verzichten. Ich nehme mir die Zeit für etwas, was so unaufgeregt und langweilig sein kann wie eine Tasse Tee – aber auch so positiv und so nützlich. Alle meine Drechselwerkzeuge schärfe ich an den Schleifmaschinen in der Werkstatt. Aber meinen Handwerkzeugen, denen widme ich ihre eigene Zeremonie, dafür nehme ich mir Zeit. Manchmal sind es drei Stunden.

So einmal im Monat, da werden spezielle Steine ins Wasser gelegt. Sie müssen sich gut vollsaugen. Stemmeisen, Hobel, Ziehklingen und Schnitzmesser liegen auf einem Handtuch.

Nach einer halben Stunde im Wasser kommen die Wassersteine auf eine Gummimatte. Sie dürfen nicht verrutschen. Sie sind sortiert nach den Körnungen, von grob nach fein. Die groben schleifen die Scharten aus. Die feineren sorgen für den Feinschliff, und die feinsten Körnungen sind eher zum Polieren gedacht.

Neben meinen Steinen steht eine Wanne mit warmem Wasser. Ein lederbesetzter Streichriemen mit feiner Polierpaste und ein japanisches Ölgefäß, ein sogenanntes »Aburatsubo«, runden das Bild ab. In der unscheinbaren schwarzen Dose ist ein Öl, das die Zeremonie abschließen wird.

Es ist oft sehr laut in meiner Werkstatt. Das ist in Ordnung, weil das Holz mit mir über die Töne kommuniziert. Der Lärm ist ein wichtiger Indikator für seine Beschaffenheit. Stimmt der Winkel der Werkzeuge, ist das Holz trocken genug? Oder feucht genug?

Aber jetzt, bevor ich das erste Messer über den Stein ziehe, ist es still. Die Uhr tickt an der Wand. Das Messer zieht über den ersten Stein. So hat es schon vor Jahrhunderten geklungen. Das hier ist Lowtech und echte Handarbeit.

Ich beginne meist mit den Hobelklingen, für die müssen die Wassersteine möglichst plan sein. Es kann mehrere Hundert Züge dauern, bis die Scharten herausgeschliffen sind. Danach geht es an die feineren Steine. Die anfangs mit Kratzern übersäte Schneidenfase, die schräge Seite der Kante beginnt immer mehr zu glänzen. An der Schneidenkante bildet sich beim Schärfen ein hauchfeiner Grat. Der darf nicht einfach abgebrochen werden, sonst ist die Schärfe dahin. Bei jedem Übergang zum nächsten Stein bade ich das Werkzeug kurz im warmen Wasser; die abgetragenen Schleifkörner sollen nicht zum nächsten Stein mitwandern.

Im Endeffekt werden mit jedem der feineren Steine immer nur die Schleifspuren des vorangegangenen entfernt. So wird die Klinge beim letzten und feinsten Stein seidenmatt. Für mich ein wunderbarer Anblick. Nach nur wenigen Zügen beginnt sich der Grat zu lösen. Er liegt auf dem Stein wie ein fallen gelassenes Silberhaar.

Den Spiegelglanz bekommt die Schneide am Streichriemen. Die Barbiere hatten früher so einen am Rasiertisch hängen, für ihre Rasiermesser. Am Schluss wird die Schneide noch mit etwas Kamelienöl aus dem Ölgefäß benetzt. Es ist säurefrei, verharzt nicht, ist ein ideales Rostschutzmittel und dabei rein pflanzlich. Man kann es nicht nur für Stahl benutzen, es taugt auch zur Körperpflege. Die Geishas in Japan nutzen es traditionell als Massage- und Haaröl.

Die Steine werden während der Arbeit regelmäßig mit Wasser besprüht. Irgendwann werden die Schärfsteine immer unebener. Am Ende schärft man die Werkzeuge mit den gebogenen Klingen.

Wenn die Messer alle scharf sind, verlangen die Steine Zuwendung. Auch sie müssen gepflegt und wieder begradigt werden. Abnutzungsspuren gibt es überall: beim Messer, beim Stein, beim Menschen. Das lässt sich nicht vermeiden, es hilft nichts.

Ob es sich um Messer handelt oder um die eigenen Sinne: Scharfe Werkzeuge sind das A und O. Man muss das, was man hat, pflegen. Das, womit man arbeitet, wertschätzen. »Die Lösung für neunzig Prozent eurer Probleme lautet: Schärft eure Werkzeuge«, sagt ein erfahrener Kollege von mir. Recht hat er.

13 Die Jahreszeiten

Draußen steppt der Bär, die Leute kommen von weit her, alle haben Riesen-Spaß – fast alle. Ein Bursche hat alle Fenster zugemacht. Die Vorhänge zugezogen, die Türen fest verschlossen. Aber das reicht ihm nicht. Er zieht sich zurück ins Innere des Hauses, in sein eigenes Bad, sperrt auch da die Tür ab. Er will nichts zu tun haben mit dem, was da draußen abgeht. Er will nur seine Ruhe. Aber als er die ersten schweren Glocken klingen hört auf der Straße, die ersten Signale, dass es jetzt wieder losgeht, da weiß er: Es nutzt nichts. Sie schleicht sich wieder an, diese Panik, die er so fürchtet und die er so gut kennt.

Dieser Bursche war ich, und ich war damals neunzehn Jahre alt.

Als junger Erwachsener war mir natürlich bewusst, dass es sich beim Buttnmandllaufen um einen Brauch handelt, um eine Tradition im Berchtesgadener Land. Trotzdem: Lange Jahre konnte ich diese Angst nicht ablegen. Eine Furcht, die gar nichts zu tun hatte mit den gruseligen Gestalten, mit dem Lärm und der wilden Kraft, die hier immer in der Zeit rund um Nikolaus tobt. Das Buttnmandllaufen gehört zu uns wie der Watzmann und der Königssee. Es ist ein Ereignis, das es nicht noch mal gibt in Deutschland. Das Buttnmandllaufen ist einer der kulturellen Höhepunkte des Jahres in meiner Heimat. Und dennoch hab ich es lange kaum ertragen.

In den deutschen Städten und auf dem flachen Land kennt man den Nikolaus meist aus Schokolade. Er hat einen roten Mantel aus Alufolie an und signalisiert für die meisten viel zu früh die nahende Weihnachtsorgie aus Stress und Konsum. Dabei darf er oft noch nicht mal Nikolaus heißen.

Bei uns im Berchtesgadener Land wird es auf absehbare Zeit keinen »Weihnachtsmann« geben. Bei uns kommen am 5. und 6. Dezember der Nikolaus und seine Helfer, und sie kommen mit Macht. Mit Masken, Glocken und Schellen, mit Stroh und mit Fellen. Buttnmandl heißen die Gestalten, die dann in Berchtesgaden und den umliegenden Dörfern ihr einzigartiges Regiment aufziehen. »Buttnmandllaufen« oder »Gramperllaufen« heißt es, wenn der heilige Nikolaus mit seiner »Bass«, zu Deutsch: Gruppe, von Haus zu Haus zieht. Formal überbringen sie seinen Segen, und der Nikolaus liest aus seinem Buch den Kindern vor, was sie dieses Jahr so alles Gutes getan haben und was »böse« war.

Brave Kinder bekommen eine Kleinigkeit geschenkt, die Bösen werden von der Gramperln »mitgenommen«, heißt es.

Was für Städter und andere Außenstehende als folkloristischer Ausdruck schwarzer Pädagogik vollkommen unverständlich und daher längst abgeschafft ist (»Der schwarze Mann steckt euch in den Sack!«), ist aus der Vorweihnachtszeit bei uns nicht wegzudenken.

Wobei man dazu sagen muss: Die wilde Horde kommt nur ins Haus, wenn der Hausherr das vorher erlaubt hat. Die Bassen kommen aus diesem Grund vorher eigens »Blatz fragen«. Ohne das »Passt!« des Haushaltsvorstands wird am Haus vorbeigelaufen. Es liegt also bei den Eltern, ob und wenn ja mit wie vielen Gramperln der Nikolaus ins Haus kommt. Die meisten haben – anders als ich damals – nichts dagegen.

Die Mitglieder der Bassen sehen spektakulär aus, sie sind detailreich, liebevoll geschmückt und verkleidet. Die Strohbuttnmandeln sind ganz in Stroh eingepackt, sie tragen je nach Bass entweder Fell- oder Holzmasken, die sogenannten Loavn. Mit dem Lärm ihrer schweren Glocken soll der Winter ausgetrieben werden. Dann gibt es die Fellbuttnmandeln, ganz in dickes Fell gekleidet, auch sie schwingen schwere Glocken, dazu Holz- oder Fellmasken. Und schließlich die Gangerl. Sie sind die Teufel; durch ihr dünnes Fell und ihre kleinen Glocken sind sie beweglicher. Sie sind es meist, die fliehenden Passanten schnell nachsetzen können, um sie mit ihren Ruten zu »streicheln«.

Beim Auslaufen hat jede Bass einen Rutenträger dabei, der die Ersatzweidenruten trägt, und manchmal läuft noch ein Nikoloweibi mit. Die Rolle des »Nikolausmädchens« spielt meist aber ein Bub in Mädchentracht. Und manche Bassen haben auch noch Engerl, die dann wirklich Mädchen sind.

Was Außenstehenden immer ein wenig willkürlich und wild vorkommen mag, ist in Wahrheit genau durchdacht und geplant. Es gibt Bassen, bei denen zeigen die Ähren vom Stroh zu Boden, andere erkennt man daran, dass sie himmelwärts zeigen. Es ist eine ernste Sache. Es gibt Bassen, die lassen sich nicht offiziell fotografieren, so sehr fürchten sie die Vereinnahmung und die kommerzielle Zurschaustellung.

Wenn die Bassen am Nachmittag »auslaufen«, dann stehen sie an den Straßen: die Bürger, die Kinder, die Touristen. Wer in der ersten Reihe steht, der riskiert, von den Weidenruten »gestreichelt« zu werden. Auch beliebt: das Anschwärzen der Gesichter mit Ruß. Besonders gefährdet sind traditionell die Beine der Mädchen: Das Streicheln sollte sie fruchtbar machen, hat's immer geheißen.

Es gibt unzählige Bassen. Fast jeder Ort, sogar jeder Ortsteil hat eine oder mehrere Gruppen. Jede hat ihre Eigenheiten, was bestimmte Rituale betrifft. Die »Reviergrenzen« sind meist genau festgelegt und werden nicht ohne Grund überschritten.

Junge, nur unverheiratete Männer sind in den Bassen. Wer mitmachen will, durchläuft ein monatelanges Aufnahmeritual, und zuletzt entscheidet die Buttnmandlversammlung. In die Karten schauen lassen wollen sie sich dabei nicht.

Ich selbst bin auch ein Jahr mit meiner Bass mitgelaufen, mit sechzehn. Es war das einzige Mal in dieser Zeit, dass ich keine Angst hatte. Es war eine bemerkenswerte Erfahrung, die ich auf keinen Fall missen möchte. Man steckt stundenlang in einem elend schweren Strohkostüm, an das große, schwere Glocken gebunden sind, man rennt bergauf und bergab, man schwitzt und friert abwechselnd und gleichzeitig. Es ist unendlich anstrengend – und trotzdem schön. Man gerät irgendwann in eine Art Trancezustand. Ohne den würde man die Strapazen nicht aushalten. Man wird zum Buttnmandl, man wird zum Mann. Das Buttnmandllaufen gilt bei uns als ein Mannwerdungsritual.

Trotzdem war das Ganze nicht meine Welt. Ich hatte da schon ein gespaltenes Verhältnis zum Alkohol. Bis heute stößt mich seine Allgegenwart in unserer Gesellschaft ab. Und das ist beim Gramperllaufen nicht anders: Der Alkohol fließt in Strömen. Obwohl sich das eigentliche Laufen meist auf den 5. und 6. Dezember beschränkt, gibt's die Gruppe und den Gruppendruck dreihundertfünfundsechzig Tage im Jahr. Das muss man mögen. Mir war's einfach zu viel.

Auch wenn ich noch mit Schaudern zurückdenke an das Jahr in finsterer Vergangenheit, als ein Gramperl mir als Kind drohend meine Hausschuhe übergeben hat (in den Wochen vorher hatte ich sie nicht oft an): Ich bin wie meine Freunde und meine Verwandten verdammt stolz auf diese Tradition. Die hat so gar nichts zu tun mit den oft komplett durchkommerzialisierten Perchtenläufen andernorts. Niemand würde bei uns mit einer Orkmaske laufen. Rote LED als Augen sind im Berchtesgadener Land undenkbar. Und die Shows mit Perchten in Käfigen, die von Traktoren durch die Gegend gefahren werden, die erinnern mich eher an Rosenmontagszüge am Rhein als an alpine Traditionen.

Kaum zu glauben: Die Zeit vor Weihnachten heißt bei uns die »stade Zeit«, wobei »stad« still heißt. Dabei ist es selten ruhig. Es wird Glöckel gesungen, die Weihnachtsschützen schießen mit ihren Böllern in der letzten Adventswoche täglich um drei Uhr. In den Raunächten, dem 24. Dezember, an Silvester und am Tag vor Heiligdreikönig gehen wir »Rauchen und Sprengen« in den Häusern. Klingt dramatisch, aber tatsächlich werden nur alle Zimmer und alle Bewohner gesegnet. Danach wird von der ganzen Familie der Rosenkranz gebetet – bei uns in der absoluten Kurzversion. Es ist Teil unserer kulturellen Identität, ich werde das sicher auch an meine Kinder weitergeben.

Wirklich still ist es für mich als Drechsler nicht in der Vorweihnachtszeit, auch wenn ich meine Buttnmandlphobie mittlerweile abgelegt habe und die Zeit genießen kann. Spannend wird's nach meiner alljährlichen Weihnachtsausstellung. Da stellt sich abends beim Kassensturz heraus, ob es ein gutes oder ein schlechtes Weihnachtsgeschäft war. Das ist wirtschaftlich für mich existenziell wichtig.

Wirklich ruhiger wird's erst in den Wochen nach Weihnachten. Manchmal, zu selten bleibt auch Zeit für ein paar Stunden Nachdenken, für eine ruhige Tasse Tee, für Muße. Wir haben einen schönen Ausdruck dafür: »sich spielen.«

Doch das geht sehr schnell vorbei. Es gibt Bürokram und – wesentlich angenehmer – Zeit für die Sichtung der Bestände. Was brauche ich noch, was muss nachproduziert werden?

Im Winter wird das Lager überprüft. Lagerhaltung gibt es immer seltener im Wirtschaftsleben. »Auf Lager« ist immer weniger in Zeiten, da alles »just in time« sein muss und die Lkw als satellitengesteuerte Logistikzentren die Autobahnen verstopfen.

In meinem Holzlager können meine Materialien so lange ruhen, reifen und an der Luft trocknen, bis ich sie brauche. Andere, größere Betriebe haben statt eines Lagers eine Trockenkammer. Da geht das Trocknen schneller, mit Strom und Heißluft. Aber diese Schnelligkeit behagt mir nicht. Beschleunigung kostet Geld, und sie verdichtet die Arbeit, nicht aber die Qualität.

In der Winterkälte, wenn die Säfte in den Pflanzen nicht mehr steigen, kommt die Zeit für die Waldarbeit. Im Winter muss man die Augen offen halten. Nicht nur, wenn es um das Fällen von Bäumen geht und niemand schwere Verletzungen riskieren möchte. Manchmal geht es auch bloß um Präsenz im Internet oder bei Freunden und Bekannten. Die wissen, wenn irgendwo ein Baum gefällt wird. Mittlerweile werde ich automatisch informiert, es gibt ein funktionierendes Netzwerk bei uns in den Bergen. Man weiß, dass ich immer auf der Suche bin. Leider haben das auch solche Zeitgenossen mitbekommen, die noch mal richtig abkassieren wollen mit ihrem schwindeligen Fliederstrauch oder ihrem morschen Zwetschgenbaum. Oft kommt das Geschäft dann gar nicht zustande. Ich fahre aber trotzdem immer wieder hin. Ich will nicht riskieren, mir Schmuckstücke entgehen zu lassen. Zu oft schon ist schönes Drechselholz klein gehackt im Feuerholzstapel gelandet, weil es die Besitzer nicht besser wussten – das ist purer Brennholzfrevel.

Außerdem müssen befallene »Käferbäume« weg, es braucht Bau- und Brennholz, wir machen Pfähle für unsere Kuhweiden.

Auch auf meiner zweiten Großbaustelle, der Nachhilfe geht es wieder voll los. Meine Kundschaft merkt spätestens jetzt, dass was nicht stimmt mit den Leistungen und dass es womöglich eng wird bei den anstehenden Prüfungen im Frühjahr.

Für viele bin und bleibe ich der »Mathe-Franz«, der den mehr oder weniger willigen Schüler Richtung Abi coacht. Komfortabel für mich: Die Warteliste ist lang, ich kann mir meine Kandidaten aussuchen. Und wer nicht mitzieht, fliegt raus. Ich kann da sehr deutlich werden.

Noch einen Vorteil hat das Indoor-Arbeiten: Ich muss nicht raus in den saukalten Winter. Wenn ich mich erholen will, gehe ich in die Werkstatt. Die ist beheizt.

Ins Schwitzen komme ich ab März, wenn die Bäume »filetiert« werden, wenn ich oben im Stadl die Stämme bewege, wenn die Motorsäge kreischt und Bandsäge rast.

Wenn der Schnee und der Winter sich langsam zurückziehen aus dem Berchtesgadener Land, dann ändert sich die Arbeit. Ich arbeite schon einmal vor. Die ersten Nassholzschalen werden gedrechselt. Ein feuchter Job ist das, mit viel Holzsaft, vielen Spänen, aber auch viel Staub in der Werkstatt.

Im Frühjahr bereite ich auch die Rohlinge zum Trocknen vor, die später im Jahr an die Maschine kommen. Vorbereitung ist alles, heißt es. Jedenfalls vieles.

Oft sind es Dutzende Kilo schwere Rohlinge, die herumgewuchtet werden, zugeschnitten und in Folie verpackt. Manchmal sind es bis zu dreihundert Stück, die so fürs Drechseln vorbereitet und später zu Schalenrohlingen verarbeitet werden. Es ist eine harte Arbeit, aber ich mag es, wenn ich abends erschöpft bin und weiß, was ich alles geschafft habe. Dabei kann es schon mal passieren, dass ich abends ein oder zwei Kilo weniger habe, weil ich so viel Wasser verliere.

Es mag den Städter überraschen, aber auch Wiesen brauchen einen Frühjahrsputz. Wenn der Schnee im April weg ist, dann ist es so weit. Bevor das Gras zu wachsen beginnt, gehen wir »aufreistern«. Früher war es Reisig, jetzt ist es vor allem Müll, den wir von den Weiden sammeln. Unsere beiden Wiesen liegen direkt an der Verbindungsstraße. Pauschal kann man sagen: Die Leute sind Schweine! Das denke ich immer, wenn ich mich bücke: nach McDonald's-Tüten, nach Zigarettenschachteln oder nach gebrauchten Damenbinden. Oder wenn wir ein komplettes Fixerbesteck sichern, bevor eine unserer Kühe sich daran verletzt.

Im Mai hat der »Mathe-Franz« dann wieder seinen großen Einsatz. Teilweise bis um halb zehn Uhr abends versuche ich, mehr oder weniger große Lücken in den Köpfen der jungen Leute zu stopfen, die in den nächsten Tagen Abitur machen möchten – was ohne Mathe nicht wirklich möglich ist. Man mag das bedauern. Für mich ist es ein Konjunkturprogramm.

Nur Zeit für die Werkstatt und für das Drechseln bleibt dabei keine, zumal jetzt die Weidesaison beginnt und auf dem Hof Hochbetrieb herrscht. Wir setzen und reparieren Weidezäune. Die jungen Ochsen kommen erstmals in ihrem Leben auf die Weide, und sie kennen den Elektrozaun noch nicht. Wir lassen sie aber nicht ins offene Messer rennen. Sie werden vorsichtig an die Zäune gewöhnt. Damit sie nach ihrem ersten kleinen Stromschlag nicht durchgehen, führen wir sie am Strick, um sie notfalls zu bremsen. Schon die Kälbchen haben so viel Kraft, dass sich immer mal wieder eines losreißt oder einen von uns übers halbe Feld schleift. Die Stimmung ist an diesen Tagen manchmal ein wenig angespannt, und jeder ist froh, wenn alles gut geklappt hat. Die meisten Kälbchen aber schnuppern nur ein- oder zweimal am Draht und haben dann für den Rest ihres Lebens ihre Lektion gelernt. Es gehört quasi zum Aufwachsen auf dem Bauernhof, regelmäßig einen Stromschlag vom Zaun zu bekommen, sei es beim Spielen oder als Mutprobe. Es ist unangenehm, aber nicht lebensgefährlich.

Die Tiere bekommen nie die gesamte Fläche zum Grasen, immer nur kleinere Abschnitte. Deshalb muss immer wieder »dazugezäunt« werden, damit »die Buam«, wie der Vater sagt, immer frisches Gras haben. Vergisst man das, machen sie sich so lautstark bemerkbar, dass man spätestens am Tag danach freiwillig rausgeht, um endlich Ruhe zu haben.

Vor allem nach Unwettern müssen wir immer wieder prüfen, ob der Elektrozaun noch funktioniert. Denn die Ochsen haben ein Näschen dafür, wenn kein Strom mehr auf dem Zaun ist und sich eine Gelegenheit zum Ausreißen bietet.

Früher haben wir die Kühe noch auf die Alm getrieben, auf den Jenner. Vier bis fünf Stunden hat das gedauert, eine Riesenaktion, und noch heute ist der Almabtrieb im Herbst ein großes gesellschaftliches Ereignis im Berchtesgadener Land. Nur wenn das Almjahr ohne schwerwiegende Unfälle verlaufen ist, werden die Kühe mit Bändern und Zweigen, den sogenannten »Fuikln«, geschmückt.

Im Juni, wenn es bis fast um zehn Uhr hell ist, wenn es warm wird, wenn man auch mal ans Baden denken kann, wenn die Vögel zwitschern und die Wiesen blühen – ja, dann habe ich endlich wieder Zeit für die Werkstatt, für die Späne und den Staub, den Lärm, für mein Holz.

Klingt komisch, ist aber tatsächlich mein ganzes Glück. Ich bin gerne an der frischen Luft, aber noch lieber bin ich in der staubigen Werkstatt. Alles, was mich vom Drechseln abhält, nervt mich im Grunde genommen. Im Juni sind die meisten Rohlinge schon zu Schalenrohlingen geworden und trocknen vor sich hin. Nur ein paar liegen noch hinter meiner Werkstatt im Schatten. Nassholzschalen zu drechseln macht mir immer noch am meisten Spaß. Jetzt ist die Zeit dazu.

Oder besser gesagt, ich nehme mir die Zeit, auch wenn auf dem Hof eine Menge los ist. Es wird das erste Mal gemäht. Aus dem Gras wird aber nur dann Heu, wenn es nach dem Schnitt zwei Tage lang richtig warm und sonnig ist. Fährt man halb trockenes Gras ein, dann kann es im Heustock zu Selbstentzündungen kommen. So sind schon viele Höfe abgebrannt. Früher, als wir noch mehr Vieh hatten und entsprechend mehr Heu brauchten, da hatten wir ein mehrere Meter langes Thermometer, um die Kerntemperatur zu messen und bei Bedarf ein riesiges Gebläse anzuschalten, das das Heu gekühlt hat. Wenn das Wetter auf der Kippe steht, dann kommt das Gras ins Silo, wo es fermentiert.

Nichts vermittelt mir ein intensiveres Gefühl von Heimat als der Geruch von trocknendem Gras!

Als Kind war ich selten begeistert, wenn ich auf dem Hof helfen musste. Mittlerweile genieße ich es, auf dem Feld zu stehen. Es hilft mir, auf dem Boden zu bleiben. Und ich bedaure es, wenn ich wegen meiner anderen Jobs nicht immer die Zeit habe, zu helfen.

Ich bin ein Kind der Berge. Aber das heißt nicht, dass ich – wie im Klischee – bei drei auf jeden Gipfel stürme. Eher im Gegenteil. Im Sommer, wenn die Nachhilfeschüler keinen Kopf mehr fürs Lernen haben und die Ferienstimmung nicht nur die Touristen übermannt, dann zieht es mich und meine Freundin an den See. Urlaub mache ich lieber am Wasser. Ganz abgesehen von der Ruhe lässt sich dort wunderbar sinnieren, über Ideen und Projekte nachdenken.

Ich fahre so oft wie möglich an den See und mache mal … nichts. Geht auch!

Aber nicht lange, dann beginnt die Hauptsaison für die Drechselvorführungen und Kurse. Ich bin auf Messen, Tagen der offenen Tür und Drechslertreffen in ganz Deutschland unterwegs. Man sieht sich in der Community, man kennt sich, man mag sich: die einen mehr, die anderen weniger. Es sind Freundschaften entstanden. Am Ende des Sommers sind schnell mal ein paar Tausend Kilometer mehr auf dem Tacho.

Der Abschied vom Sommer fällt immer schwer. Aber er hat auch sein Gutes. Jetzt kommt die schönste Jahreszeit. »Der Herbst ist der Frühling des Winters«, heißt es, und der Spruch gefällt mir. Bei uns in Berchtesgaden sagen die Leute »Hiorest« zu der Jahreszeit. Ich halte mich nicht für den poetischsten Menschen überhaupt. Aber wenn ich mich beeindrucken oder sogar fortreißen lasse von der Macht großer Worte, dann hat das was mit dem Herbst zu tun. Das habe ich bei anderer Gelegenheit festgestellt, die eigentlich gar nichts mit Natur und Jahreszeiten zu tun hat.

So wenig ich mit dem Bergsteigen anfangen kann, so wenig habe ich mit Volksmusik oder gar volkstümlicher Musik am Hut. Mein Ding ist, wie erwähnt, Hardcore Punkrock.

Ich habe schon unzählige Songtexte geschrieben, meist auf Englisch, und ich will mich da natürlich nicht blamieren. Deshalb schaue ich bei manchen Redewendungen lieber nach. Nicht dass der Zusammenhang, aus dem sie gerissen sind, super peinlich ist. Ein Satz, der mir durch den Kopf ging, war: »Nothing gold can stay«. Das gefiel mir, und als ich die Worte googelte, da war ich schwer beeindruckt:

Nature's first green is gold,
Her hardest hue to hold.
Her early leaf's a flower;
But only so an hour.
Then leaf subsides to leaf.
So Eden sank to grief,
So dawn goes down to day.
Nothing gold can stay.

1923 zeichnete der große amerikanische Dichter Robert Frost dieses Bild von Vergänglichkeit und Neuanfang. Nichts bleibt golden, oder: Selbst Gold ist nicht beständig. Das trifft die Herbststimmung unglaublich gut. Und obwohl es der letzte Satz ist, sozusagen die Schlussfolgerung, finde ich den vorletzten mindestens ebenso schön: »So versinkt die Dämmerung im Tag.« Aus dem Dunkel wird was Helleres, aus dem Vergehenden entsteht etwas Neues. So ist es auch bei meiner Arbeit mit Holz.

Die ganze Show, die der Herbst abzieht, bei uns bis tief in den November, die nimmt einen gefangen. Sie fesselt uns mit dem Blick auf flammende Berghänge, auf einen Rausch von Farben, mit ihren Gerüchen: ein Fest für die Sinne.

Im Herbst, wenn das Weihnachtsgeschäft naht, muss natürlich die Produktion fertig werden, um die hoffentlich gestiegene Nachfrage zu befriedigen. Die ist schwer zu kalkulieren. Meine Sachen sind nicht billig, aber ich will an der Qualität keine Abstriche machen. Deshalb berechne ich meine Preise nach der Devise: Auch die Zeit, die ich gebraucht habe, um gut zu werden, muss irgendwie bezahlt werden – und nicht nur von mir selbst.

Trotz Produktionsstress gehe ich im Herbst in den Wald. Nicht nur, um die Schönheit zu genießen oder um mich inspirieren zu lassen. Es geht auch ganz banal darum, die ersten Bäume zu markieren, die im Winter fällig sind.

Fast könnte man sich freuen über das Ende der Reizüberflutung, wenn im November das Wetter schlechter wird, wenn die Tage empfindlich kürzer werden. Aber es gefällt mir nicht, im Dunklen aufzustehen und im Dunklen mit der Arbeit fertig zu werden.

Andererseits kann ich meinen Ofen anheizen und in der Werkstatt eine Gemütlichkeit verbreiten, die man im Sommer gar nicht so vermisst hat. Wenn weniger los ist, dann fällt mir wieder ein, wie wichtig diese ruhigen Zeiten seit jeher für unser Handwerk sind. Früher, als man nicht raus konnte oder musste, da haben die Altvorderen »rumgesponnen« – im Wortsinne am Webstuhl. Oder sie haben sich mit Grobschnitzereien beschäftigt. Figuren oder Masken, mit denen man sich ein Zubrot verdienen konnte, und vielleicht haben sie auch mal was Neues ausprobiert. Wir kommen heute viel zu selten dazu. Auch nicht in der »staden Zeit« bei uns im Berchtesgadener Land.

14 Holz und Geschichte

Ein Bild, das alle lieben. Schroffe Berge, davor satte Weiden, ein paar Kühe und dazwischen wie gesprenkelt die typischen Berchtesgadener Bauernhäuser. Oben Holz, unten gemauert, sehr harmonisch sieht das aus. Der Baustil fügt sich in die Landschaft, er folgt aber keiner künstlerischen Linie.

Die Bauweise hat, wie so oft, wirtschaftliche Hintergründe. Es ging ums Geld. Auch wenn die mächtigen Wälder anderes vermuten lassen: Holz war immer knapp in meiner Heimat, ein begehrter und streng bewirtschafteter Rohstoff. Holz brauchte man für andere, wichtigere Zwecke als den Hausbau, man brauchte es für das Salz.

Im Schatten des Watzmanns lagert seit Jahrmillionen Salz, ein Quell für großen Reichtum. Seit dem Mittelalter wird das weiße Gold abgebaut; es sorgte für Wohlstand von Fürsten und Kirchenadel und für jede Menge politischen Streit. Das Salzbergwerk in Berchtesgaden feiert 2017 sein fünfhundertjähriges Bestehen, die Technik ist aber noch älter. Andernorts wird Steinsalz aus dem Berg gehauen oder es wird am Meer in Salzpfannen getrocknet. Bei uns wird unterirdisch Wasser in einen Salzstock geleitet. Das Mineral ist wasserlöslich und kommt als gesättigte Sole (312 Gramm Natriumchlorid pro Liter) zutage.

Schon der Transport über Soleleitungen war technisch aufwendig und sorgte für großen Holzbedarf. Ebenso wichtig waren große Mengen Brennholz, mit dem man das Wasser der Sole verdampfen und das Salz trocknen lassen konnte.

Aus diesem Grund erließen die Wittelsbacher, denen das Salz damals gehörte, schon im 16. Jahrhundert eine Forstordnung, deren Auswirkungen noch heute am Berchtesgadener Bauernhaus zu sehen sind. Um Holz zu sparen, musste das unterste Stockwerk gemauert werden, erst ab dem ersten Stock durften die Bauherren Holz verwenden.

Wie so oft bei uns in der Gegend bestehen auch die meterdicken Grundmauern unseres Hofs aus Felsbrocken, Steinen, die man bei der Urbarmachung der Felder gefunden hat. Als ein neuer Kachelofen gebaut wurde, standen meine Eltern plötzlich vor einem Loch von einem Meter Durchmesser. So groß war der Stein in der Wand, den sie herauslösen mussten. Man überlegt sich hier drei Mal, ob man ein Loch in die Wand bohrt.

Weil es so viele steile Berge und Bergwälder bei uns gibt, haben sich die Menschen viel einfallen lassen, um den Holzbedarf für die Salzsiederei sicherzustellen. Was dabei rauskam, war ebenso kühn wie gefährlich und dramatisch. Aus dem Jahr 1783 stammt der erste Bericht über einen »Holzfall am Königsbach«. Oberhalb der Steilufer des Königssees fällten die Waldarbeiter die Stämme und schichteten sie so an die Absturzkante auf, dass sie in die Bäche (»nasser Holzfall«) oder direkt in den See (»trockener Holzsturz«) stürzten.

Das Spektakel begann, wenn ein »Sperrbaum« den gigantischen Holzstoß entfesselte und in die Tiefe stürzen ließ. Es müssen gewaltige Schauspiele mit großem Getöse gewesen sein. Und es waren gesellschaftliche Ereignisse. Der Fürstpropst Joseph Conrad von Schroffenburg lud zu prunkvollen Hoffesten anlässlich des Holzfalls ein: »Man möchte glauben, dass die riesigen Leiber der Giganten dahingestreckt werden«, beschrieb ein begeisterter Chronist das Spektakel.

Es war ein Schauspiel für Könige. Ludwig I., der nach seiner Abdankung 1848 des Sommers öfter in Berchtesgaden residierte, schaute gerne beim Holzsturz zu, ebenso wie Max II. Der Hofstaat zog sich die Show auf Booten rein, sie wurden gerudert und gesteuert von einheimischen Frauen und Männern. Sie trugen Tracht, von den Bergen loderten Feuer, es war mächtig was los, und der Chronist Ludwig Steub beschreibt die Szenerie mit feiner Ironie: »Ein großes Gaudium steht dem Flachländer bevor, wenn hier an den fürchterlichen Wänden des Sees ein Holzsturz veranstaltet wird. Es ist oft ein aufgehobenes Festgericht für gekrönte Häupter und andere Glückliche des höchsten Standes. Wie man ihnen in Wien oder Berlin eine Revue kredenzt, so überreicht man ihnen am Königssee als Souvenir einen Holzsturz.« Prinzregent Luitpold gründete Trachtenvereine. Nach dem Adel kamen Forscher, dann die Maler. So hat Holz und so haben die Wittelsbacher den Ruf des Königssees als Touristenattraktion gewaltig gefördert. Es war ein perfektes Marketingkonzept.

Nur war das Holz nach der Show erst mal im See, keineswegs dort, wo es gebraucht wurde. Zunächst mussten die arg ramponierten Stämme eingesammelt und später über die Königsseer Ache zum Salzbergwerk nach Berchtesgaden transportiert werden. Weil der Fluss und die zufließenden Bäche zu wenig Wasser führten, um das Holz Richtung Salzbergwerk zu schwemmen, errichteten die Waldarbeiter Sperrwerke, sogenannte Klausen. Auf dem gestauten Wasser wurden die Stämme getriftet, gelangte das geschundene Holz an sein Ziel.

Was so leicht klingt, war lebensgefährlich. Arbeiter wurden in ihren Unterständen vom Blitz erschlagen. Sie brachen im Eis des Königssees ein, als sie auf dem Weg zu ihrer Holzarbeit waren. Der »Joagam Hansi« wollte verkeilte Holzstücke in einer Klamm locker machen, als er von einem Schwall Wasser erfasst wurde. Seine Kameraden konnten ihn gerade noch schwer verletzt in Sicherheit ziehen. Weniger Glück hatte die vierzehnjährige Maria Kurz von Hanitz in der Schönau. Sie war damals »Kiahdirndl«, also Kuhmagd auf einer Alm. Gerade als sie den Königsbach überqueren wollte, kam das Triftwasser mit dem Holz daher. Es hat das Mädel unbarmherzig fortgerissen. Man fand sie tot am Ufer des Königssees.

Trotz aller Mühen und Anstrengungen war Holz immer Mangelware. Um 1600 gab es die ersten Triften, für das Jahr 1717 findet man den ersten Bericht von einer Klause. 1794 besichtigten bayerische und Berchtesgadener Fachleute in der »Waldvisitation« die Wälder um den Königssee. In einem Protokoll wird ein enormer Mangel an Holz festgestellt, nicht ohne scharfe Kritik an zu großen Holzschlägen, zu frühen Fällaktionen und anderen »Gebrechen«, die »sogleich abgestellt« werden sollten. So wurden Wälder dreißig Jahre zu früh abgeholzt. Die Autoren dachten damals schon nachhaltig, auch wenn es nicht so hieß. Und natürlich ging es nicht um das Wohlergehen der Natur, sondern um den sicheren Nachschub eines wichtigen nachwachsenden Rohstoffs.

Das ist nicht immer gelungen. Teilweise grenzte die Waldnutzung an Raubbau. Weil es 1810 nicht genug Brennholz in Berchtesgaden gab, fiel der Startschuss für ein gigantisches Projekt: die 29 Kilometer lange Soleleitung nach Reichenhall, eine Pipeline aus Holz, die bis zu 360 Höhenmeter überwinden musste. Von 1817 bis 1929 war die Leitung aus ausgehöhlten Fichtenstämmen in Betrieb.

Solche Geschichten, Daten und Historien finden sich in den Forschungsberichten des Nationalparks Berchtesgaden.

Den Nationalpark gibt es seit 1978, Holzgewinnung ist seither an den alten historischen Stellen völlig ausgeschlossen, die Holzstürze haben aber schon nach dem Zweiten Weltkrieg aufgehört.

Den Hinweis auf den Bericht verdanke ich dem Stanggassinger Hans, der sich mit viel Leidenschaft der lokalen Geschichte widmet. So viel ich aus dem Bericht gelernt habe, so stark musste ich an einer Stelle schmunzeln: »Frauen haben nicht im Wald gearbeitet«, heißt es im Vorwort. Es ist gut, dass meine Oma das noch nicht gelesen hat. Sie ist der lebende Gegenbeweis.

Dass unser Haus so aussieht wie heute, daran hat die Oma großen Anteil. Als sie hier ankam im Gattermannlehen, als junge Ehefrau, da gab es kein Schloss an der Tür, sagt sie. Einen Riegel gab es schon, aber den konnte man nur von innen bedienen. Und wenn mal niemand daheim war? »Es war immer jemand daheim!«, sagt sie.

Aber ihr Vater und mein Urgroßvater wollten ein Schloss, und das Haus sollte wohnlicher werden. »Bauholz hatten wir keines«, erzählt die Oma, »aber wir hatten ja einen Wald.« Also sind sie hochgegangen, mit der Säge, den Keilen und den Äxten im Rucksack: mein Uropa und sie. Ihre Kinder, also mein Vater und sein Bruder, die blieben unten bei ihrer Großmutter. Und da war auch noch die viel jüngere Schwester meiner Oma, die sie wie ihr eigenes Kind großgezogen hat. Denn ihre Mutter, meine Uroma, ist im Kindbett gestorben.

Droben im Wald haben sie das Holz geschlagen für den Dachstuhl und für den Stadl. Tag für Tag, das hat Jahre gedauert, sagt die Oma. »Wir haben ja so viel Holz gebraucht.« Viel größere Bäume als heute seien das teilweise gewesen. Noch heute erzählt sie mit feuchten Augen vom Fall der Riesen: »Das Geräusch ist mir durch Mark und Bein gegangen.«

Einen Traktor gab's nicht, damals in den Sechzigerjahren. Der Nachbar hatte Pferde, »Rösser«, wie die Oma sagt. Die mussten die Stämme ins Tal ziehen, für den Stadl, der noch heute steht.

Der alte Mann und seine Schwiegertochter haben mit dem Holz an meiner Zukunft gebaut. Und wo war der Opa, ihr Mann? Der ging in die Arbeit. Der war Schreiner. Ein sehr guter, sagt die Oma: »Und wenn du von irgendwem dein Talent geerbt hast, dann von ihm.« Das freut mich. Denn sonst reden sie in der Familie nicht so oft über meinen Opa, das schwarze Schaf der Familie.

An der Fassade unseres Hauses gibt es ein hübsches Marienbildnis. Die betende Muttergottes im Strahlenkranz steht in ihrem langen blauen Kleid schützend über einer verkleinerten Darstellung unseres Hofs. Vier Initialen stehen darüber und zwei Jahreszahlen: 1752, das Jahr, in dem das Haus in seiner jetzigen Form gebaut worden ist, und 1963. Das war das Jahr, in dem der neue Dachstuhl aufgebaut wurde. Der Dachstuhl aus dem Holz, das meine Oma mit ihrem Schwiegervater aus dem Wald geholt hat. GK steht vermutlich für »Gattermannlehen« und »Keilhofer«, genau weiß das niemand mehr. Aber das FKM unten steht für Franz und Marlene Keilhofer – eine verdiente kleine Ehrung für meinen Opa und meine Oma, die das Haus so schön hergerichtet haben. Der Künstler, der das Marienbild geschaffen hat, war übrigens auch Drechsler.

Baumporträt: die Eibe

Die Unscheinbaren, die wenig Glamourösen, die Stillen erzählen die besten Geschichten. Ein gutes Beispiel dafür im Wald ist die Eibe. Dieser Nadelbaum hat es mir angetan, die beiden großen Exemplare in unserem Forst beeindrucken mich – umso mehr, wenn man sich genauer mit dieser Baumart beschäftigt.

Eiben gibt es auf der Erde seit mindestens fünfzehn Millionen Jahren, einige Versteinerungen sind aber wesentlich älter. Der immergrüne Baum wächst sehr langsam, und vermutlich werden einige Exemplare zweitausend Jahre alt. Genau weiß man es nicht, weil die Eibe im Lauf ihres Lebens beginnt, von innen heraus zu verfaulen. Die sogenannte Kernfäule führt dazu, dass der Stamm beinahe komplett hohl wird. Deshalb kann man bei den alten Stämmen nicht alle Jahresringe zählen. Botaniker wissen aber, dass sich Eiben durch »vegetative Regeneration« vollständig verjüngen können. Das ist ein komplizierter Prozess, einfach gesagt führt er dazu, dass aus dem Wurzelwerk eines abgestorbenen Stamms neue Triebe wachsen.

Allein das beflügelt die Fantasie der Menschen seit Jahrtausenden. Es wird aber noch besser. Fast alle Bestandteile der Eibe bis auf das Fruchtfleisch sind hochgiftig für Mensch und Tier. Die Eibe lebt fast ewig und ist doch ein Todesbaum. Unser Wort »toxisch« für giftig kommt vom lateinischen Namen *Taxus* für die Eibe. Und *Taxus* wiederum kommt vom griechischen *taxon,* das für »Bogen« steht.

Bogen und Eiben – ich hatte es weiter oben angedeutet – das ist die nächste fantastische Geschichte. Der Bogen von Ötzi, der Gletschermumie, ist aus Eibenholz. Der Bogen von Robin Hood war der Sage nach aus Eibenholz. Der wohltätige Räuber aus dem Sherwood Forest wusste um die Qualitäten des Holzes. Nur mit Eibenholz ließen sich Reflexbögen von solcher Durchschlagskraft herstellen. So begehrt waren Eibenbögen, dass die Bestände in den Wäldern Mitteleuropas arg dezimiert wurden. Einige militärische Erfolge der Engländer im Mittelalter beruhen maßgeblich auf der Effektivität der Longbows aus Eibe.

Die Vielseitigkeit der Eibe half auch den Schöpfern schöner Dinge in der Geschichte. Sie ist wegen ihrer Regenerationsfähigkeit besonders schnittfest. Die Gärtner von Versailles und anderen Barockparkanlagen nutzen Eiben und ihre Eigenschaften für Holzskulpturen. Meine Sache sind diese gekünstelten Dinger nicht. Sie widersprechen meinem Sinn für das Natürliche. Aber meiner Bewunderung für die Eibe tun sie keinen Abbruch. Manchmal esse ich die Früchte von Eiben, die nachweislich einzigen nicht-giftigen Bestandteile des Baums. Allerdings muss man unbedingt den Kern ausspucken.

Bis in die Moderne tut die Eibe Gutes. Das Krebsmittel »Taxol« ist so erfolgreich bei der Bekämpfung von Eierstock-, Brust- und Lungenkrebs, dass es verschiedene Eibenarten an den Rand der Ausrottung gebracht hat. Der Pharmaindustrie ist es mittlerweile gelungen, den Wirkstoff der Eibe für Taxol auch aus Pflanzenfermentation herzustellen. Ein Glück für die Eibe.

15 Holz und Zukunft

Mit Holz zu arbeiten gibt ein gutes Gefühl. Es strahlt Wärme aus, es lebt, es kann schön sein, selbst wenn es verrottet. Es riecht gut, und wenn es verbrennt, wärmt es. Das gute Gefühl will ich, wie so viele andere Handwerker, bewahren, konservieren, zelebrieren. Durch seine Arbeit, durch Können und Technik strebt jeder, der es ernst meint mit seinem Metier, eine gewisse Dauerhaftigkeit an. Kein Handwerker mag es, wenn sein Werkstück vor der Zeit zerfällt, wenn es sich verzieht, wenn es reißt oder bricht. Nur hat die Langlebigkeit, die Robustheit, das Bewahrende, man sagt ja auch gern: das Wertige – einen entscheidenden Nachteil. Man braucht nicht so oft neue Schalen oder Stühle, Schränke oder Flaschenöffner.

Die moderne Industriegesellschaft hat in ihrer unermesslichen Weisheit darauf reagiert: Sie produziert. Unheimlich. Viel. Schrott.

In der älteren Industriegesellschaft ging's noch eher um maximale Haltbarkeit, Funktionalität und Formvollendung. Jetzt basiert das System darauf, dass die Sachen irgendwann kaputt sind, dass sie ersetzt werden müssen. Für den Umstand, dass viele Dinge nicht mehr repariert werden können, hat man den schönen Ausdruck »wartungsfrei« erfunden.

Die superbilligen Werkzeuge vom Discounter, die genial günstigen Jeans aus dem Katalog, die unerreicht preiswerten Waschmaschinen für nur noch den halben Preis. Die nehm ich doch, ich bin doch nicht blöd! Bis man merkt: Die Dinger sind eher früher als später kaputt, verfärbt oder machen sonst wie die Grätsche.

Als stolzer Handwerker kann ich mich nun hinstellen und sagen: Das passiert dir bei mir nicht! Meine Stücke sind fürs Leben gemacht! Das stimmt, aber wenn ich meine Arbeit gut mache, wird mir auch der geneigteste Stammkunde irgendwann sagen: Hab ich schon alles! Dieser Zustand ist bei einigen Menschen in meiner Umgebung, die meinen Werdegang und meine Kämpfe mit Sympathie begleitet haben, schon erreicht. Das heißt, ich muss mir mittelfristig etwas einfallen lassen.

Ganz wie die Handwerksgesellen früher auf der Walz – und ganz wie die modernen Unternehmen auch – setze ich auf die Welt da draußen. So schön das Berchtesgadener Land auch ist, so sehr ich meiner Heimat verbunden bin, so sehr ist doch klar: Das Leben findet auch woanders statt. Neue Märkte über Bayern, ja sogar über Deutschland hinaus sollen es sein. Zwei Messen habe ich gebucht, darunter eine renommierte Designmesse. Ich will, nein, ich muss mich bekannter machen.

Dabei dachte ich gerade, ich sei bekannt genug. 2015, als ich für eine landesweite Werbekampagne zum »Gesicht Bayerns« ernannt wurde, gingen die Medienanfragen durch die Decke. Mehr als zweihundert Artikel in einer Woche! Das musste doch der große Durchbruch sein. Die Realität sah anders aus. Die Umsätze haben sich nicht verändert. Seitdem kann ich den Satz: »Jetzt hast du es geschafft«, nicht mehr hören. Ich weiß, dass selbst die Erfolgreichsten der Szene nicht nur immer hart arbeiten, sondern auch ständig für sich werben müssen.

Ich setze dabei auf alle modernen Kommunikationsmittel. Website, Imagefilme, soziale Netzwerke wie Instagram sind hier ausgesprochen nützlich. Hunderttausend Follower wären schön, aber dahin ist es noch weit. Immerhin, einige Geschäfte sind auf diesem Weg schon zustande gekommen.

Die Drechsler sind eine international aktive Community. Ich habe Kontakte zu Kollegen aus dem Iran und von den Philippinen, es gibt regen Mail-Verkehr ins Baltikum und nach Griechenland. Man sieht, was die anderen machen, man erweitert den Horizont. Wie macht das der Kollege aus Russland und wie drechselt man im Irak? Die Kollegen sehen meine Arbeit, ich bekomme Anregungen von ihnen. Kürzlich hat mir jemand ein besonders schönes Stück Kirschbaummaserholz aus den USA zugeschickt. Ein Drechsler aus Starrucca in Pennsylvania bedankte sich in einem handschriftlichen Brief für die Ideen, auf die er durch meinen Instagram-Account gekommen ist.

Ich bin überzeugt, meine Schalen können größeren Anklang finden, überall. Qualität setzt sich durch. Das mag ein wenig wie Pfeifen im Wald klingen angesichts immer heftigerer Preiskämpfe im Netz und in unseren Städten. Verwaiste Dorfzentren ohne Kramerladen und ohne Wirtschaft sind Mahnmale und Warnung. Aber der Boom von »manufactum« und gutem Handwerk macht mir doch Hoffnung. Nur ist das nicht genug, die Nische muss gefestigt werden.

Die Marke »Ginger Wood Franz Keilhofer« ist mittlerweile EU-weit geschützt. Die englische Kombination zwischen Wood – Holz – und Ginger – dem Spitznamen für Rothaarige – versteht nicht jeder auf Anhieb, sie sorgt aber für interessierte Nachfragen und war schon der Einstieg in viele nette Gespräche.

Glücklicherweise habe ich meine eigene Werbeagentur im Haus. Nadine macht hervorragende Fotos und hat darüber hinaus den Master in Multimedia Arts. Sie macht meine komplette Corporate Identity. Abgesehen davon ist sie mir eine große mentale und emotionale Stütze. Nadine ist fester Bestandteil von Team Ginger Wood.

Bin ich jetzt schon Unternehmer, im System verstrickt und seinen Mechanismen verhaftet? Ich will mir meine Unabhängigkeit, meine kreative Selbstständigkeit bewahren. Und zu diesem Zweck muss ich wirtschaftlich bis zu einem gewissen Grad erfolgreich sein. Denn diese Erfahrung habe ich bereits gemacht: Ohne Investition gelingt auf Dauer keine Innovation. Auch Kreativität kostet – manchmal Geld.

Meine Herzensangelegenheit ist das Schalendrechseln. Aber davon allein kann ich nicht leben. Deshalb erweitere und ändere ich meine Produktpalette immer wieder. Stifte, Flaschenverschlüsse und -öffner stelle ich schon her, aber das reicht nicht. Auch aus diesem Grund gebe ich weiter Nachhilfe und mache Modeljobs. Das ist kein Verrat an Idealen, sondern schlicht wirtschaftliche Notwendigkeit.

Weil es auf dem Bauernhof immer etwas zu schreinern oder zu zimmern gibt, stehen jetzt auch eine Hobelbank und Schreinermaschinen in der Werkstatt. Das ist einerseits zweckmäßig und bietet andererseits Möglichkeiten, mein Portfolio zu erweitern. Ich liebe die dreißig Jahre alten Frühstücksbretter meiner Eltern samt ihrer Patina aus Jahrzehnten im Einsatz in der morgendlichen Küche. Gebrauchsgegenstände faszinieren mich, die Spuren von Abnutzung, ihre Geschichte. So etwas wollte ich auch herstellen, vielleicht ist es eine Marktlücke. Zumal es kaum noch schöne Bretter gibt, die nicht billig zusammengeleimt sind und die sich nicht beim ersten Kontakt mit Wasser verziehen.

Ich habe jetzt eine ganze Serie hergestellt. Sie sind nicht geschliffen, sondern mit der Ziehklinge abgezogen und auf eine besondere Art zugeschnitten, Der Fachmann erkennt die schönen Markstrahlen im Eichenholz. Auch sie sollen, wenn möglich, ein Leben lang halten. Auch ihnen soll man das Leben ansehen.

In meiner Werkstatt laufen verschiedene Experimente: mit Holzsorten, mit Ölen und Verfahren. Kann man den Alterungsprozess beschleunigen? Was sieht gut aus, was ist übertrieben, wirkt künstlich und gewollt?

Im Rahmen dieser Arbeit und auch schon davor passierte etwas Merkwürdiges. Sehr lange, eigentlich bis heute ist es mein Ziel, möglichst perfekt zu arbeiten. Das bedeutet, dass Schalen oder andere Werkstücke makellos sind, ohne Scharten und Spuren. Die kleinste Unebenheit, die scheinbar bedeutungsloseste Macke musste verschwinden, die Arbeit sollte möglichst lange aussehen wie neu.

Diesen Anspruch der Perfektion habe ich bis heute. Aber was ist perfekt? Darüber habe ich viel nachgedacht, auch für dieses Buch. Und plötzlich tauchte da ein Widerspruch auf. Die angestrebte dauerhafte Makellosigkeit meiner Schalen steht im Kontrast zu meinem Schönheitsideal beim Menschen. Die Falten des Alters? Wunderbar! Man sieht jemandem die Jahre an? Großartig!

Oft werde ich zu meinen Tattoos gefragt. Und immer fällt mir ein, dass die Ästhetik von Tätowierungen auf alter Haut mich fasziniert. Dasselbe gilt für alte Holzfassaden. Vergraute, geschwärzte Lärchen im Westen, auf der Wetterseite eines Hauses: wunderschön.

Mit der Meinung bin ich nicht allein. Die Retro- und Vintagetrends leben seit Jahren davon. Und ich habe keine Angst: Das wird noch lange anhalten. So lange wie es cool ist, authentisch und ehrlich zu sein. Mein erweiterter Schönheitsbegriff soll auch in meine Arbeit einfließen. Es gibt jetzt Schalen, die ich nicht mehr schleife. Als letzter Schritt wird das Holz mit einem scharfen Messer bearbeitet. Das heißt im

Endeffekt: Man sieht der Schale die Arbeit an. Oder anders gesagt: Die Arbeit spricht für sich selbst.

Anfangs hatte ich eine gewisse Scheu davor. Der Effekt des Unfertigen ist schwierig. Es soll nicht so aussehen, als hätte sich der Macher einen Arbeitsschritt gespart. Dabei ist es eher umgekehrt: Ungeschliffene Arbeiten erfordern viel mehr Können als geschliffene!

Hat man das erkannt und diesen Schritt einmal getan, sieht man vieles mit anderen Augen. Die Innenarchitektur großer Räume, in denen das Gemäuer offen und die Versorgungsleitungen sichtbar sind; eine bewusst verwackelte Kameraführung im Film: die Dogma-Methode, »Found Footage« à la Blair Witch Project. Das ist nicht Nachlässigkeit, das ist ein Stilmittel.

Plötzlich kann man nachvollziehen, warum Künstler es irgendwann mal leid waren, immer nur perfekte Gesichter zu malen; warum Fotografen mit Unschärfe arbeiten; warum Maler den Weg in die Abstraktion gegangen sind. Horizonte öffnen sich. Das ist eine befreiende Erkenntnis für die Arbeit in der Zukunft. Und es ist eine gute Nachricht für eine Zeit, in der selbstverständlich auch weiter die alten Sachzwänge existieren werden.

Innovation kostet Geld, Konservierung auch. Unbedingt möchte ich den Hof meiner Eltern erhalten. Die kleinen Bauern wirtschaften oft am nachhaltigsten. Sie haben nicht mehr Kühe, als sie vom Gras auf ihren Feldern ernähren können, sie kennen jede Kuh beim Namen.

Ich hoffe, dass meine und die Kinder meiner Nachbarn und noch viele andere eine Kindheit auf dem Bauernhof erleben können. Dass man Kühe auch in fünfzig Jahren noch auf den Wiesen grasen sieht und die Menschen nicht vergessen, dass die Chicken Nuggets nicht aus dem Automaten kommen, sondern dass dafür ein Tier sterben muss. Nahrungsmittelerzeugung, so wie sie bei uns auf dem Hof betrieben wird, ist für mich auch ein Handwerk. Und wenn die Menschen dieses Handwerk wieder mehr schätzen würden, könnte auch mein Holzhandwerk davon profitieren.

Wer in einem alten Haus lebt, wird nicht überrascht sein, wenn ich sage, dass es immer genug zu tun gibt, zu reparieren und zu renovieren. Wenn man an der einen Ecke fertig ist, gibt es am anderen Ende schon wieder etwas zu tun. Doch damit ist es für mich nicht getan. Sollte ich Familie haben, möchte ich meine Begeisterung weitergeben – für das Land, für das Handwerk und für die Natur.

Mir gefallen die alten Birnen, die Bilder von Apfelsorten, die man bei uns im Supermarkt nicht mehr findet. Auf unserem Hof soll es viele Obstbäume geben. Bäume mit diesen alten Sorten. Der Duft und der Geschmack von damals, den möchte ich unbedingt erleben, und ich will, dass er erhalten bleibt.

Eiben könnte ich anpflanzen in unserem Wald oder Ulmen, die bei uns vom Aussterben bedroht sind. Ich würde es nicht mehr erleben, wie diese Bäume groß und mächtig werden, aber meine Kinder, wenn es denn mal welche geben sollte.

Und diese Bäume wären sicher vieles, vielleicht auch Inspiration.

Inspiration ist unersetzlich. Auch wenn ich oft einfach mal anfange, ein Stück Holz in die Maschine einspanne, und dann sehe ich schon, was daraus wird, so bin ich doch dankbar für viele Anregungen, die mir zufliegen. Der Anblick einer Hagebutte im Herbst, dafür muss ich keine großen Wanderungen machen. Was aber in meinem Kopf bleibt, ist dieses unvergleichliche Rot. Eine Farbe, die mir enorm gefällt. Oder die geometrisch-perfekten Windungen eines Schneckenhauses, die vielleicht älteste Inspiration des Drechslers.

Gerne würde ich auch interdisziplinär arbeiten. Wo gibt es Schnittstellen, Anknüpfungspunkte zu anderen Handwerken? Mit Kohlefaser und Glasfaser würde ich gerne arbeiten. Auf der längeren Liste steht auch das Slipcasting. Dabei wird flüssiger Ton in Gipsformen gegossen und danach gebrannt. Ich stelle mir vor, dass sich hier das Drechseln (Bau der Urformen) und das Keramikhandwerk sehr schön verbinden lassen. Zudem finde ich die Gegensätzlichkeit beider Handwerke spannend. Drechseln ist ja ein »abtragendes« Handwerk und Töpfern ein »aufbauendes«.

Ein Bekannter von mir ist ein unfassbar guter Töpfer. Er sagte mir mal: »Wenn du zu viel wegnimmst, dann gibt's kein Zurück. Wenn ich mich ›vertöpfere‹, dann fange ich wieder neu an, das geht bei dir nicht!«

Das stimmt, bei Holz kann man nichts mehr draufhobeln.

16 Holz und Tiere

Dass Holz und Tiere, Viehzeug und Wald zusammengehören, das weiß jedes Kind. Jeder, der einen Vogel im Baum sitzen sieht oder singen hört, der weiß, dass Tiere und Holz nicht voneinander zu trennen sind. Das betrifft mich als Drechsler ganz unmittelbar, und ich erlebe dieses Ökosystem, seine Wechselwirkungen und Zusammenhänge beinahe jeden Tag. Nicht jedes Tier ist dabei unbedingt sympathisch, possierlich oder irgendwie emotional aufgeladen. Manchmal sind sie putzig, manchmal lästig, manchmal gehören sie einfach dazu, und manchmal gibt es auch Kollateralschäden. Ja, ich weiß, es ist heutzutage fast eine riskante Aussage, aber: Veganes Drechseln ist ganz schwierig, wenn nicht unmöglich.

Ich und der Holzwurm zum Beispiel, wir sind alte Freunde. Immer wieder kommen mir seine Gänge unter, wenn wurmstichiges Holz auf meiner Maschine landet. Die Spuren seiner Wege kann man wunderbar mit in die Werkstücke einarbeiten – solange das Holz nicht so durchsetzt ist, dass man es gar nicht mehr bearbeiten kann. Es gibt einige sehr schöne Beispiele für die Ästhetik des Holzwurms. Immer wieder allerdings kommt es vor, meistens bei Nassholz, dass sich noch lebende Holzwürmer im Holz aufhalten. Die, die die

Karussellfahrt überleben, müssen leider bei einer »Mikrowellen-Schockbehandlung« ihr Leben lassen.

Im Inneren des Holzes gibt es, wie gesagt, immer wieder Überraschungen – auch lebende. Eine meiner größten Schalen stammt aus einer Astgabel. Ich erkannte ihr Potenzial, das Stück, das sich darin verbarg. Ich ahnte aber nichts von der riesigen Ameisenkolonie, die sich an einer Stelle angesiedelt hatte. Erst durch die Zentrifugalkräfte an der Drechselmaschine kamen die sechsbeinigen Bewohner zum Vorschein – es schleuderte sie massenhaft an alle vier Wände, auf den Boden und an die Decke meiner Werkstatt. Unter anderem haben es auch einige in meine Jacke geschafft und mich den ganzen Tag gepiesackt.

Es gibt folgenreichere und unangenehmere Begegnungen mit sehr kleinen Holzbewohnern in unseren Wäldern. Lange Jahre war der Borkenkäfer ein großes Thema. Die Bauern und Waldbesitzer fürchteten, dass sich der Schädling vom Nationalpark auf die Nutzwälder übertragen und die Holzbestände schädigen könnte. In den letzten Jahren ist es etwas ruhiger geworden. Die letzte große Aktion zur Beseitigung von Käferbäumen ist jetzt sechs Jahre her. Die große Aufregung ist nicht immer gerechtfertigt.

Wie könnte es anders sein: Ich verstehe die Liebe der Menschen zu den Tieren und zur Natur. Als Bauernkind habe ich allerdings ein etwas anderes, vielleicht auch weniger verklärtes Bild von unserer Umwelt und den Tieren. Wir haben einen Biobauernhof am Gattermannlehen, ich esse sehr wenig Fleisch, und trotzdem gehört der Tod und das Töten von Tieren dazu, seit ich denken kann. Wir haben zwischen vier und sechs Ochsen, gerade so viel, wie viel wir selber brauchen. Dazu haben wir zwei Schweine über den Winter und über den Sommer etwa dreißig Masthähnchen.

Unsere zwanzig Legehennen wurden kürzlich dramatisch

dezimiert, als sich ein Marder Zugang zu den Ställen verschaffte. Irgendwer hatte vergessen, die Tür zum Stall richtig zu schließen. Der Marder hat das spitzgekriegt. Und der Räuber, der sich in den Städten gerne an Bremsleitungen der Autos oder am Isolationsmaterial unter der Motorhaube vergeht, hat acht Hennen umgebracht. Er hat ihnen einfach den Kopf abgebissen.

Ein schauderhafter Anblick, eine Tragödie für meine Mutter – und ein traumatisches Erlebnis für unseren Hahn. Der kam zwar mit dem Leben davon, aber unter den Opfern war auch seine Lieblingshenne.

Wir bilden uns ein – nein, wir wissen –, dass er sie tagelang noch gesucht hat. Inzwischen hat die Mama auf dem Geflügelmarkt neue Hühner gekauft. »Die abgefahrensten, die du finden kannst!«, hab ich gesagt, bevor sie losfuhr. Sie kam mit Haubenhühnern nach Hause, eine Sorte mit bommelförmigem Haubenschmuck am Kopf. Sehr lustig sieht das aus.

Meine Eltern betreiben den Hof nur »zum Spaß«. Professionelle Landwirtschaft lohnt sich nicht mehr. Wir wollen wissen, was wir essen und von wem unsere Lebensmittel stammen. Mein Vater schlachtet das Federvieh selbst. Und obwohl er das schon sehr lange macht, tun ihm die Tiere dabei immer noch leid. Es ist fast, als würde er sich bei jedem Tier entschuldigen und ihm dafür danken, dass es uns ernährt. Meine Eltern haben mich gelehrt, Tiere mit Achtung und Respekt zu behandeln. Ich bin wie sie aber kein Vegetarier, da ich es vertretbar finde, Tiere zu essen, die ein schönes Leben und einen schnellen Tod hatten.

Ganz allgemein sind die Bauern in meiner Gegend außergewöhnlich tierlieb. Es gibt kleine Höfe, aber keine Tierfabriken und keine Massentierhaltung im Berchtesgadener Land. Die Bauern haben noch eine Beziehung zu ihren Viechern, und in den meisten Fällen ist den Menschen das Wohlergehen der Tiere ein Anliegen. Manchmal wundere ich mich selbst, mit wie viel Mitgefühl selbst grobschlächtigste Typen im Wirtshaus von einem kranken Kalb erzählen. Menschen, die im Umgang miteinander eher roh sind, kennen jede Kuh beim Namen. Sie merken sofort, wenn es den Tieren nicht gut geht. Sie können dann nachts auch nicht gut schlafen, weil sie sich solche Sorgen machen. Es gibt Bauern, die schlafen bei ihren kranken Tieren im Stall.

Eine Tierart wird man bei uns am Gattermannlehen nicht finden – auch wenn sie eigentlich auf jeden Bauernhof gehört: Zu oft hat uns der Tod von Katzen großen Kummer bereitet. Hinter unserem Hof beginnt der schier endlose Wald, es gibt auch Wiesen, garantiert mit jeder Menge Mäusen: Ohne Probleme könnten die Katzen ihre Reviere bis fast nach Österreich ausdehnen. Leider aber zieht es sie, warum auch immer, stets in die andere Richtung – über die vielbefahrene Straße zwischen Berchtesgaden und Bischofswiesen, die direkt vor unserem Haus vorbeiführt. Das Ende kann man sich denken. Irgendwann hat meine Mutter gesagt: Jetzt ist Schluss, es kommt mir keine Katze mehr auf den Hof! Wir haben nicht widersprochen, wir waren selbst jedes Mal so unglücklich. Bis kürzlich ein jämmerliches Maunzen hinter einem meiner Holzstapel zu hören war. Als ich nachgeschaut habe, traf mich der Blick aus den großen Augen im schwarz-weißen Gesicht einer typischen Bauernkatze. Winzig war sie und total heruntergekommen – ein Häufchen Elend. Am Anfang dachte ich: einfach ignorieren. Die geht schon wieder! Das hat auch meine Mutter gesagt. Aber sie ist nicht gegangen. Nach ein paar Stunden ging mir das Gemaunze zu sehr ans Herz.

Ein Schälchen Wasser gehört zur Gastfreundschaft, dachte ich. Ein paar Wasserschälchen und einige Dosen Katzenfutter später war's um uns geschehen.

Wir nannten sie Mucki. Wir gingen zum Tierarzt, haben sie impfen lassen. Der Tierschutzverein übernimmt das, wenn einem eine Katze zuläuft. Sie war wirklich süß. Bis sie eines schönen Tages eben doch auf die Straße lief. Wir fanden sie direkt vor unserem Haus. Wir waren wirklich sehr traurig. Keine fünf Wochen hat Mucki bei uns gelebt.

Beobachten, suchen, Eindrücke sammeln gehört zu meiner Arbeit, also beobachte ich im Wald nicht nur Bäume, sondern auch die Tierwelt – mit überraschenden Einblicken. Auf meinen Waldspaziergängen treffe ich immer wieder ganz besondere Tiere.

Oft habe ich meinen Blick gehoben, schaue in den Äste und Kronen – und manchmal, mit ein bisschen Glück sehe ich meine absoluten Lieblinge: Greifvögel, insbesondere Eulen. Ein Habicht, der sich aus einer Tanne direkt neben mir erhebt, dieser Anblick baut mich für Tage auf. Aber Eulen, diese absolut leisen, zurückhaltenden und geheimnisvollen Jäger, die beflügeln nicht nur meine Fantasie. Ich habe mir eine riesige Eule über den Brustkorb tätowieren lassen. Ein bisschen hat es vielleicht auch damit zu tun, dass ich ein großer Harry-Potter-Fan bin.

Es ist übrigens eine der schönsten Nebeneffekte eigenständiger Beobachtung, dass sich bekannte Vorurteile, aber auch Schulweisheiten überprüfen und manchmal auch widerlegen lassen. Groß schlägt klein – von wegen! Wer einmal gesehen hat, wie im Frühjahr ein kleiner Vogel aus dem Baum schießt, wie er mit wüsten Angriffen eine dreimal größere Krähe attackiert, der ist verblüfft. Die Luftkämpfe haben etwas ungeheuer Elegant-Kraftvolles. Erst beim zweiten und dritten Mal stellt sich heraus: Das ist kein Zufall. Hier beschützt eine Mutter oder ein Vater das Nest und das Gelege. Unterschätze nie die Entschlossenheit und den Kampfgeist von jungen oder werdenden Eltern! Der Verteidiger weiß anscheinend ganz genau, welche der viel größeren Vögel es auf den Inhalt des Nestes abgesehen haben. Tauben, Enten oder Gänse werden nie angegriffen. Und das Spannende ist: Die Krähen haben den Angriffen der kleineren, wendigeren Vögel nichts entgegenzusetzen. Sie lassen sich von der Entschlossenheit der Verteidiger beeindrucken und verjagen. Sie drehen ab – oder setzen sich ins Gras. Erst dann lässt der Verteidiger mit seinen Attacken nach. Für mich ist das ein sehr schönes Beispiel vom Wert der Motivation. Wer weiß, was er will oder was er zu verlieren hat, der ist stärker.

Nach einem meiner Favoriten allerdings halte ich bisher vergebens Ausschau. Der Tannenhäher müsste bei uns vorkommen, aber gesehen habe ich noch keinen dieser Rabenvögel. Er ist, wenn man der Wissenschaft glauben darf, fast alleine für die Verbreitung von Zirben verantwortlich. Diese außergewöhnlichen Nadelbäume werden bis zu tausend Jahre alt, wachsen auf bis zu 2400 Meter Höhe und halten Temperaturen von bis –45 Grad aus. Nur bei der Fortpflanzung brauchen sie unbedingt den Tannenhäher. Der legt im Sommer bis zu dreißigtausend Depots mit Zirbelkiefersamen an. Damit kommt er über den harten Winter. Zwischen 80 und 90 Prozent der Depots im Umkreis von 15 Kilometern findet er auch wieder – auch unter bis zu 50 Zentimeter tiefen Schneedecken. Er hat also ein sensationelles Gedächtnis. Aus den übrigen zehn Prozent der Samen können mit ein bisschen Glück Bäume werden. Vogelkundler sprechen von einer Coevolution zwischen Tannenhäher und Zirbelkiefer.

Die Macht der Instinkte kann man auch schön bei domestizierten Tieren sehen: Früher hatten wir Milchkühe. Einmal hat eine Kuh sehr überraschend auf dem Feld gekalbt. Um die Mutter in diesem verwundbaren Moment zu schützen, haben die anderen Kühe mit den Köpfen nach außen einen

Kreis gebildet, als wären sie irgendwo in der Steppe und müssten Mutter und Kalb vor Raubtieren schützen.

Das ist schon relativ nahe an meiner Vorstellung von »heiler Welt«. Noch näher ist die zu der Zeit, wenn eine unserer Hennen den Nachwuchs ausbrütet. Aus irgendeinem Grund zieht sie sich zum Eierlegen immer in unseren Stadl zurück. Da können sie und das Gelege aber nicht bleiben, der Marder würde es in kurzer Zeit holen. Deshalb rückt unsere Familie des Nachts aus, um die Henne und ihre Eier umzuquartieren, um sie in die Sicherheit des Stalls zu bringen. Irgendwann, nach rund zwei Wochen, schaut dann mit etwas Glück ein kleines Köpfchen unter dem Gefieder der Henne raus – ein wunderbarer Anblick. Das finden übrigens auch die Krähen, die nur zu gerne auf die Küken losgehen würden. Aber wir haben den Stall und den Auslauf mit Netzen gesichert. Die Mama richtet derweil die traditionelle Babynahrung für »die Bibein« her: zerkleinerte hart gekochte Eier und Brennnesseln. Auch wenn das Schauspiel sich auf dem Bauernhof alle Jahre wiederholt: Es ist jedes Mal etwas ganz Besonderes.

Eichhörnchen sieht man normalerweise nur dann, wenn sie vor einem weglaufen oder wenn sie aus dem hölzernen Vogelhaus vor dem Frühstücksfenster Nüsse klauen. Ihre spielerische Art, mit den Bäumen umzugehen, wie sie den Lebensraum Holz und Wald nutzen, ist immer wieder spannend. Sie nutzen Äste als Wege, sie vergraben Nüsse im Boden und in Astgabeln, sie halten Vorräte für die Winterzeit: ein faszinierendes Beispiel für den Einfallsreichtum der Natur.

Dabei sind sie gar nicht so süß, wie sie aussehen. Sie räubern Vogelnester aus, sobald sich die Gelegenheit bietet. Grausamkeit und Niedlichkeit liegen oft nah beieinander.

Eine meiner speziellen Begegnungen war ein Pärchen Mauswiesel, viel kleiner und noch seltener als gewöhnliche Wiesel.

Sie bewegen sich fort, als hätten sie kleine Sprungfedern unter den Pfötchen.

Im Wald lohnt sich also auf alle Fälle auch der Blick zu Boden. Nicht alle Tage sieht man Feuersalamander in ihrer eleganten Trägheit. Aber die gefleckten Amphibien beim Geschlechtsakt sind etwas ganz Besonderes, und wenn's dann gleich zwei Paare sind, dann sieht man großes Glück im Wald.

Der kleine Bach, der durch unseren Wald fließt, bietet auch einigen Bachforellen Heimat. Mein Opa hat mir immer Geschichten erzählt, sie hätten als Kinder ganz viel nur mit den Händen gefischt. Durch diese Geschichten angestachelt, haben mein damaliger bester Freund und ich tagelang versucht, selbst Fische mit der Hand zu fangen. Irgendwann waren wir erfolgreich, und da stellte sich natürlich die Frage, wohin mit dem Fisch? Dies war der Beginn eines sehr ehrgeizigen Projekts. Nach einigen erfolglosen Versuchen, Staudämme zu bauen und so den Bach in einen Fischteich zu verwandeln, haben wir begonnen, einen alten Bombentrichter am Rande des Bachs umzubauen: aus alten Bohlen und mit Steinen. Der Teich war am Ende der Sommerferien riesig und bot unzähligen Fischen Platz.

Das war das erste Mal, dass ich mit eigenen Händen etwas wirklich Großes geschafft habe: Im Wald, mit Tieren und mit Holz.

Baumporträt: die Esche

Ich mag Bäume. Manche mehr, manche weniger – in einem wohne ich. Das ist nur wenig übertrieben, denn mein Vater hat vor einigen Jahren einmal eine besonders schöne Esche fällen und zu Brettern schneiden lassen.

Die Möbel im Esszimmer der Eltern, mein Bett, die Nachtkasterl daneben sind alle aus diesem einen Baum. Es fühlt sich wunderbar stimmig an, die Geschichte seiner eigenen Möbel so gut zu kennen. Es hat etwas Ganzheitliches, um die Herkunft der Dinge zu wissen. Begonnen hat es damit, dass meinem Vater das Holz eines bestimmten Baums gefallen hat, und wir profitieren bis heute davon.

Es liegt aber nicht nur an den persönlichen Bindungen, dass die Esche das meistverwendete Holz in meiner Werkstatt ist. Es eignet sich einfach sehr gut für die Zwecke fast aller, die mit Holz etwas zu tun haben. Wer den Menschen so viel nützen kann, wird schnell in die Nähe des Göttlichen gerückt. In mehreren Religionen taucht die Esche auf – teilweise sogar als der Baum, aus dem die Menschen geschnitzt werden. Für die alten Germanen stützte die Esche Yggdrasil den gesamten Kosmos.

Sie bringt das Leben und den Tod: Der griechische Held Achilles tötete seinen trojanischen Gegenspieler Hektor im

Zweikampf mit einem Eschenspeer. Tatsächlich ist Esche ein Waffenholz. Es eignet sich in seiner Robustheit für Möbel und für Axtstiele, und es lässt sich einigermaßen gut drechseln. Für mich ist es am besten verfügbar, ich schätze die Farbschattierungen, die sich vor allem bei älteren Hölzern zeigen. Die Schreiner bevorzugen das helle Holz, aber für mich ist das dunkle nicht minderwertig. Es ist sehr kontrastreich und vielgestaltig. Besonders die Maserungen der Olivesche gefallen mir. Wie der Name andeutet, ähnelt das Muster und die Farbe der Olive.

Eschenholz lässt sich gut trocknen, aber auch nass gedrechselt ist es ausgesprochen reizvoll. Es nimmt durch Oxidation an der Luft eine rosa Farbe an, die wieder verschwindet, wenn man sauber gearbeitet hat. Ansonsten bleiben Flecken, die ewig davon zeugen, wie wichtig auch Kleinigkeiten bei der Arbeit sind und welche unwiderruflichen Folgen kleine Fehler haben können.

Eschen sind für die Menschen Sinnbilder für Kraft. Das liegt sicher auch an ihrem vergleichsweise schnellen Wachstum. Man sieht das an den relativ großen Jahresringen. Im Gegensatz zu anderen Hölzern hat das keine negativen Auswirkungen beim Drechseln. Im Gegenteil, Eschen sind besser zu bearbeiten als feinjährig gewachsene Hölzer, also solche mit engeren Jahresringen. Womöglich ist auch das ein Grund für die Beliebtheit der Esche. Sie ist vielleicht göttlich, aber keine Diva und keine Zicke.

17 Holz und Musik

Ein Leben umgeben von Holz … Da lässt sich nicht leicht sagen, wo das alles eigentlich angefangen hat. Schon immer haben die Dielen unter meinen Füßen geknackt, es hat nach dem Holz des Stadls gerochen, ich habe die leuchtenden Farben der Lärchen im Herbst bewundert, ich habe mir Schiefer in die Finger gezogen.

Und doch gibt es ein Erlebnis, das ein Anfang war: die Initialzündung für meine Laufbahn als ein Mann, der Holz bearbeitet. Es hat mit Natur zu tun und mit Geschicklichkeit, mit Freundschaft und mit Ritual, vor allem aber mit Musik. Ich kann sagen: Musik und Holz, das gehört für mich unauflöslich zusammen. Spätestens seit diesem einen Frühlingstag in meiner Kindheit.

Zu der Zeit hatten wir Mieter in unserem Bauernhaus, Karli und Annelore. Vertriebene, Sudetendeutsche. Sie hatten für sich genommen eine interessante Geschichte. Annelore war Köchin für den katholischen Pfarrer – als Evangelische. Für mich waren sie eine Art Zweiteltern. Sie spielten und sangen mit mir. Sie liebten die Berge, sie machten Ausflüge. Sie nahmen mich mit zum Baden und eines schönen Tages mit in den nahen Wald. Ich habe mich immer sehr wohlgefühlt in ihrer Gegenwart.

An diesem einen Tag zeigte Karli mir etwas Besonderes. Er schnitt einen Ast von der Vogelbeere ab. Daumendick, zwanzig Zentimeter lang. Mit ein paar geschickten Schnitten mit seinem scharfen Taschenmesser und ein paar gezielten Klopfern auf das Holz löste Karli die Rinde vom Holz, ohne sie zu beschädigen. Danach ließ sich die Rinde über das frische Holz schieben wie der Zug einer Posaune. Das Holz unter der Rinde wird verkürzt, und aus dem abgetrennten Stück wird ein Mundstück mit Windkanal geschnitten. Am Ende wird alles zusammengebaut, die Rinde über das Holz geschoben. Mit ein paar kundigen Griffen hatten wir ein Maipfeiferl. So heißt das in meiner Gegend.

Danach durfte ich auch mal, mit dem scharfen Messer und allem. Das Entscheidende aber war, schärfte mir Karli ein: Man musste singen, und zwar das richtige Lied! Nur so würde sich das Holz richtig von der Rinde lösen. »Pifferl, Pfeiferl, Pvovo«, so gingen die ersten Worte. So etwas vergisst man nicht.

Das Vertrauen, mein fester Glaube, dass in dem Lied das Geheimnis des Erfolgs lag, dass der Instrumentenbau nur mit Begleitmusik gelingen könne, ist eine meiner ersten Kindheitserinnerungen.

Es wäre jetzt leicht, die Geschichte und den Kinderglauben an die unbedingte Notwendigkeit der Begleitmusik als läppisch abzutun. Jahre später aber weiß ich, dass in dem Märchen Weisheit und Wahrheit steckt. Klänge und Konzentration spielen eine wichtige Rolle bei der Bearbeitung von Holz.

Je nach Sorte des Holzes, je nach seinem Trockengrad und seiner Beschaffenheit bringt das Werkstück auf der Drechselmaschine seine eigenen Geräusche hervor. Für mich ist das oft schon Musik. Oder anders herum: Sind meine Werkzeuge nicht richtig geschliffen, dann sind sie wie verstimmte Instrumente. Sie klingen falsch, sie funktionieren nicht richtig.

Unabhängig von meiner Premiere als Pfeifenbauer spielt Musik seit frühester Zeit eine wichtige Rolle in meinem Leben. Meinen Eltern war musikalische Ausbildung wichtig, meine Mutter spielte Gitarre und Hackbrett. Das alpenländische Saiteninstrument, das so viel feiner und subtiler klingt, als sein Name vermuten lässt, ist fester Bestandteil der Stubenmusi. Mein Bruder und ich durften uns ein Instrument aussuchen. Gott sei Dank! Denn wenn dich deine Eltern zur Violine verurteilen, wirst du leicht zum Mobbingopfer.

Ich griff zur Gitarre. Aber für mich war immer etwas Erlerntes in der Musik, die ich da machte. Selbstverständlichkeit und Natürlichkeit stellten sich nie ein. Geblieben von dem Erlernten ist allerdings die Erfahrung, wie wunderbar Holz und Musik miteinander harmonisieren und wie sie sich ergänzen. Auch die Beidhändigkeit, die man sich als Gitarrist aneignen muss, hilft mir heute an der Maschine.

Ich lernte passabel spielen, brauchte aber immer die Noten, weshalb ich es mit meinem Instrument auch nie auf die Bühne einer Rockband geschafft habe. Ein Notenständer passt da einfach nicht hin. Und obwohl ich zwölf Jahre geübt habe und Unterricht hatte, hat mich das Instrument an sich nie richtig interessiert. Ich besitze zwar drei Gitarren, aber die Besonderheiten des Holzes standen bei mir nie im Fokus.

Das könnte sich ändern, ich bewundere die Kunst und die Leidenschaft der Instrumentenbauer. Fasziniert lese ich in dem Buch *Der Klang* die Berichte des Geigenbauers Martin Schleske. Wie er als junger Absolvent der Geigenbauschule in Mittenwald mit einem Spezl in den verschneiten Bergwald steigt, nur auf den Verdacht hin, dass nach einem Sturm einige besonders schön gewachsene Fichten umgefallen sein könnten. Wie sie sich vom Förster das Recht sichern, einige schöne Exemplare zu verwerten. Wie sie sich mit abenteuerlichen Exkursionen in den Winterwald aufmachen und mit wenigen Werkzeugen ein paar Stämme zu Tal bringen. Wie sie sich freuen, dass einige Stämme beim Sturz in ein Bachbett diesen besonderen Klang von sich geben. Dass man solche Bäume »Sänger« nennt – und dass die Fachleute bei so brachialen Aktionen wie dem Holzsturz schon erkennen, woraus später einmal die filigransten Instrumente mit den feinsten Tönen entstehen werden.

In einen Baum, in Holz hineinhören zu können, das ist eine enorm nützliche und wichtige Fähigkeit. Auch Baumpfleger müssen sie beherrschen. Durch Klopfen entdecken sie Hohlräume und Unregelmäßigkeiten, die das Schicksal eines Baums im Wald oder am Straßenrand besiegeln können. Ein falscher Ton, und der Baum wird gefällt. Oft genug landet er dann bei mir auf der Drechselbank, wo seine Unregelmäßigkeiten gut zur Geltung kommen können.

Ich habe Respekt vor dieser Arbeit. Ich freue mich, wie die Instrumentenbauer auch, wenn ich den Perlmuttschimmer des Riegelwuchses aus einem schönen Stück Ahorn herausarbeiten kann. Viele meiner Hölzer werden auch als Musikalienholz geschätzt: Riegelahorn, Thuja, Grenadill, Ziricote, Pflaume, Buchsbaum und Fichte. Auch wenn ich mir nicht zutraue, Hölzer nach ihrem Klang zu definieren, hat doch jedes Holz seinen eigenen Ton.

Es macht Spaß, bei der Arbeit eigene Wege zu gehen. Dasselbe gilt auch für die Musik. Töne sind in meiner Werkstatt eminent wichtig. Manchmal muss man genau hinhören, da sagt mir der Klang, ob ich richtig liege mit meinem Werkzeug, mit meinem Holz, mit meiner Arbeit. Aber es gibt auch andere, weniger anspruchsvolle Tätigkeiten, die Begleitgeräusche geradezu herausfordern.

Bei Routinearbeiten höre ich unter meinem Gehörschutz Hörbücher, viel Fantasy, das entspannt mich. Da geht es mir wie den weltbekannten Zigarrendrehern auf Kuba, die sich von einem wortmächtigen Kollegen die neuesten Nachrichten oder auch Bücher vorlesen lassen. Die wissen schon, was sie tun.

Nur manchmal höre ich auch Musik bei der Arbeit. Die Palette geht von Heavy Metal bis zu Orchesterkompositionen. Kommt ganz auf die Situation an. Zum Schleifen passt Wanda, zum Kolorieren ein Ludovico Einaudi, bei den letzten Handgriffen an einer Meisterschale ist es Ben Howard. Beim Drehen von Schalenrohlingen beflügelt meine Stimmung Hardcore-Musik wie im Moshpit auf einem Konzert.

Meine Arbeit ist nicht nur feine Klinge, sondern auch ganz handfestes Hinlangen. Die großen Rohlinge schneide ich mit der Motorsäge zu. Natürlich schützt man seine Ohren. Aber auch dieser Klang hat seine ganz eigene Faszination.

Ja doch, Hardcore hat es mir angetan. Meine Band Astraea macht den durchaus heftigen Sound des Hardcore-Punk-Rock. Damit kann ich wesentlich mehr anfangen als mit dem gerade sehr angesagten modernen Bayernsound. Ich finde, Traditionen muss man nicht hip machen. Ich kenne das Argument, auch früher hätten sich Traditionen und Trachten weiterentwickelt. Das stimmt.

Früher war das Leben über weite Zeiten gleich, dafür haben sich die Trachten geändert. Heute, das ist meine These, ändert sich das Leben ständig. Da darf die Tracht ruhig gleich bleiben. Wir brauchen die Traditionen heute für die Erdung. Deshalb finde ich, dass Lederhosen und T-Shirt kombiniert gar nicht gehen. Übrigens genau so wenig wie die schreckliche volkstümliche Musik. Ich mag die Biermösl Blosn. Aber was am Samstagabend in den Jodelshows im Fernsehen läuft, das ist mir heute ebenso ein Graus wie damals die Schulkonzerte, auf den man sich stundenlang Blockflötengeheule anhören musste. Allein der Gedanke bereitet mir Schmerzen und weckt in mir die Sehnsucht nach Ruhe.

Musik in den Ohren ist zum Beispiel auch unser Dialekt. Die besondere Melodie des Berchtesgadener Baierisch und sein eigener Wortschatz sind Teil meiner Identität. Für viele Dinge haben wir Ausdrücke, die man nur hier versteht. Eine Fichtenholz-Verkleidung ist »feiran«, der Anschnitt vom Brot heißt »Ofotz«, die Milch ist die »Milli«, und der Odel ist der »Sui«. Auf dem »Houdie« ist das alte »Glump«, zu Deutsch: Auf dem Dachboden (»die hohe Diele«) liegt das ausgediente Gerümpel.

Wo immer ich auf meinen Reisen bin: Ich höre gerne den örtlichen Dialekt. Ob Platt, Sächsisch oder Pfälzisch, jede Sprache lebt von ihrem eigenen Klang. Natürlich ist es wichtig, Hochdeutsch zu beherrschen. Aber in der Schule wird den Kindern häufig vermittelt, man sei dumm und hinterwäldlerisch, wenn man baierisch redet. Das geht schon so weit, dass meine Nachhilfeschüler teilweise untereinander hochdeutsch reden.

Ich bin kürzlich wieder in den Wald gegangen, wollte ausprobieren, ob ich es noch kann mit dem Maipfeiferl. Ich habe nicht gesungen beim Klopfen auf das Holz in den entscheidenden Schnitten. Ich gebe zu, ich war ein wenig angespannt. Vielleicht ist es ja doch unerlässlich, das Ritual.

Er hat aber funktioniert, und am Ende konnte ich auf meiner hölzernen Posaune »Alle meine Entchen« pfeifen. Es war warm im Wald, und die Vögel haben dazu gezwitschert, als wollten sie mit einstimmen.

Die Natur mit all ihren Musikern: Wasserplätschern, Vogelzwitschern, das Klopfen des Spechts, der Wind in den Bäumen. Wie soll man das nennen, das Geräusch, das eine Birke im Frühlingswind macht: zischen, wispern, rauschen, rascheln? Wer sich darauf einstellt, wer genau hinhört, der findet wundervolle Musik in der Natur.

Es gibt Tage, da will ich gar nichts hören, da will ich Ruhe, meine Ruhe, sozusagen. Es gibt bei uns viele Rückzugsorte für diesen Zweck. Zum Beispiel in meinem Holzlager. Hier trocknen die Rohlinge und die Hölzer zum Teil über Monate vor sich hin. Hier ist nichts los. Nichts stört die Langeweile und die Ruhe. Neulich habe ich einen trocknenden Rohling aus dem Regal genommen und ans Ohr gehalten. Es hat geknistert wie platzende Bläschen in einem Glas Mineralwasser. Man kann dem Holz beim Trocknen zuhören. Da ist sie wieder: die Musik der Stille.

Baumporträt:
der Nussbaum

Oft werde ich nach meinem Lieblingsholz gefragt. Ich antworte da eher ausweichend. Wenn man sie näher kennt, gibt es eben Vor- und Nachteile auch bei den schönsten Gewächsen. Aber einen Lieblings*baum* habe ich: Er steht seit Generationen vor unserem Haus. Mein Urgroßvater hat diesen Walnussbaum in unseren Vorgarten gepflanzt, und heute gehört er zur Familie. Er spendet Schatten, und er glänzt mit seinem Laub, und er hat so etwas wie eine Persönlichkeit. Die Blätter sind so voller Gerbsäure, dass unter dem Baum nur ein paar kümmerliche Gräser wachsen. So bleibt er ein Solitär.

Auch wenn ich weiß, wie schön sich Walnuss drechseln lässt; die Farbvariationen und der Kontrast zwischen Kern- und Splintholz sind wirklich atemberaubend. Aber die Nuss vor unserem Haus würde ich nie fällen.

Im Herbst sorgt sie mit ihren Früchten durchaus für Spektakel. Ich stehe auf die unreifen Nüsse und hole mir deshalb regelmäßig braune Finger. Man kriegt die Farbe kaum noch ab. Aber nicht nur die Menschen mögen Walnüsse zur dunkleren Jahreszeit. Wir haben es selbst beobachtet, wie die Saatkrähen die Nüsse von hoch oben auf die Straße vor unserem Haus fallen lassen. Wenn sie Glück haben, platzen sie gleich beim ersten Mal auf. Die intelligenten Vögel probieren es auch ein zweites Mal. Und wenn es dann immer noch nicht klappt, dann warten sie auf ein Auto, das für sie die Nüsse überfährt.

Walnussholz neigt zur Dramatik in seinem Farbenspiel. Das Wurzelholz des Nussbaums mit seinen Knollenmustern ziert die Armaturenbretter besonders teurer Autos. Manchmal erinnern die verwirbelten Muster an Milch, die man gerade in den Kaffee geschüttet hat.

Gut abgelagertes Walnussholz verzieht sich fast gar nicht, deshalb wird es gern zur Waffenherstellung benutzt. Mein Bruder hat vom Opa einen Böller mit Walnusskolben geerbt, eine dieser trichterförmigen Kurzlaufwaffen, die nur zu besonderen Anlässen abgefeuert werden.

Die Nussbäume bei uns haben etwas Tragisches. Die meisten von ihnen sind krank, mit Ringschäle befallen. Pilze oder Spannungen im Holz sorgen dafür, dass geschnittene Bretter entlang der Jahresringe zerbrechen oder auseinanderfallen.

Mein letztes Walnussholz war aber gesund, und es gab ein besonderes Erlebnis damit. Der Mann, der es mir brachte, wollte kein Geld. Seine Tochter kannte mich aus einem Werbekatalog. Deshalb wollte sie sich tätowieren lassen, so wie ich. Das konnte der Vater ihr ausreden. Er war sehr erleichtert, als sie sich mit einem gemeinsamen Foto mit mir zufriedengab. Alle sind zufrieden, war ein gutes Geschäft.

Epilog – Feierabend!

Der Schalter klickt. Aus. Ich nehme meinen Gehörschutz ab, langsam komme ich wieder in der Realität an. Hinter mir liegt ein ganzer Arbeitstag, an dem aus einem unscheinbaren Stück Holz eine schöne Schale geworden ist. Ich halte sie in meinen Händen, fahre über ihre Formen und bin recht zufrieden. Sicher, das eine oder andere Detail hätte ich anders machen können. Aber sie ist mit Abstand das Schönste, das Harmonischste und das Sauberste, was in diesem Moment in all dem Staub und zwischen den Spänen zu finden ist. Sie ist dünn genug, um schnell und ohne Risse zu trocknen. Um die Schale herum herrscht das milde Chaos.

Meine Arme sind schwer, mein Bart, meine Kleider sind voller Späne und Staub. Ich spüre den Schweiß am ganzen Körper und die Druckstellen vom Rand der Gesichtsmaske. Das Fenster hinter der Drechselbank ist voll mit herausgeschleudertem Holzsaft. Einige Tropfen hängen noch an der Decke. Der Boden ist komplett mit Spänen bedeckt, kleine Pfade markieren meine Laufwege zwischen Ofen, Drechselbank und Schleifmaschine.

Das Adrenalin, das sich den ganzen Tag gehalten hat, lässt langsam nach. Mein innerer Perfektionist meldet sich noch kurz: War ich hier zu voreilig, an der Stelle zu nachlässig?

Hätte. Wäre. Würde. Aber ich bin zuversichtlich: Das wird ein Prachtstück, etwas, was man nicht alle Tage drechselt.

Sie wird sich winden und verziehen. Ich freue mich auf den Moment, wenn die Maserung nach dem Ölen so richtig zur Geltung kommt. Ich habe mich für ein Hartwachsöl entschieden. Sie wird dadurch an Tiefe gewinnen. Den optischen Effekt nennt man »anfeuern«.

Es beginnt ein Geduldsspiel. Ich kann es kaum erwarten, das gute Stück weiter zu behandeln, ihm eine Standfläche zu drehen und schließlich meinen Stempel aufzudrücken. Aber bis dahin vergehen noch Monate. Sie kommt in das unterste Regal. Sie soll jede Stunde bekommen, die sie braucht, um ausreichend zu trocknen.

Ich habe die Druckluftpistole an den Kompressorschlauch angeschlossen und blase mich gründlich ab. Nadine ist tolerant, aber ich muss ja nicht unbedingt mehr Späne und Staub mit in die Wohnung – oder in die Waschmaschine – tragen als nötig.

Am liebsten würde ich gleich hochgehen und duschen, ich habe Hunger. Aber ich reiße mich zusammen. Erst müssen die Spuren des Tages weggeräumt werden, und außerdem habe ich mich in der Früh geärgert. Da musste ich gleich an die Schleifmaschine. Das war kein guter Start, das hat alles verzögert, das will ich morgen nicht noch einmal. Also schleife ich die Werkzeuge diesmal noch am Abend. Staubmaske noch einmal aufgesetzt. Hörbuch unter dem Gehörschutz noch mal eingeschaltet. Und dann wird aufgeräumt.

Die Späne kommen in große Säcke, sie sind ausgezeichnetes Brennmaterial, hier wird nichts weggeworfen, alles wird wiederverwertet. Ich muss die Drechselbank putzen. Beim Drehen von Nassholzschalen setzt sie schon während der Arbeit ersten Rost an. Decke, Wände und alle Flächen werden mit Druckluft abgeblasen. Das Vlies des Luftfilters hat sich komplett mit Staub zugesetzt, der muss ausgeblasen werden. Das mache ich draußen. Es staubt, als würde man einen Sack voll Mehl ausschütteln.

Bei der Gelegenheit fällt es mir zum ersten Mal auf: Es hat frühen Schnee gegeben. Ich war so versunken den Tag über, dass ich gar nicht rausgeschaut habe.

Bevor ich gehe, drehe ich eine letzte Runde durch die Werkstatt und durch das Lager. Wer ist der Kandidat für morgen? Ich gehe langsam an den unzähligen Schalen im Trockenraum vorbei. Nur der Ofen knistert noch. Projekte wie heute sind schön: Ein Tag, ein Stück, eine große Schale, das hat was Rundes.

Vor der Dusche schüttele ich die Späne aus der Kleidung, sie sind bis in die Socken und die Unterwäsche vorgedrungen. Ich freue mich aufs Abendessen. Da kommen wir alle zusammen, Eltern, Söhne, Freundinnen. Im Zentrum steht der große Familientisch aus Esche. Es gibt was Deftiges. Die Mama hat Schmankerl hergerichtet, darunter Feines aus dem Kasladl, in dem sie arbeitet.

Wir reden über den Tag, schimpfen über die lieben Mitmenschen und ziehen uns gegenseitig auf. Gut, dass keine Außenstehenden am Tisch sitzen. Was für uns an Gesprächsthemen und Umgangston ganz normal ist, würde sicher den einen oder anderen zusammenzucken lassen. Alles ganz normal auf einem Bauernhof in Bayern.

Heute ist einer von neun aus zehn Tagen, an denen wir alle miteinander auskommen. So einen guten Schnitt hatten wir nicht immer. Familie ist eine Herausforderung, Großfamilie ist eine große Herausforderung. Da muss jeder an sich arbeiten, mal zu einem Kompromiss bereit sein und im Zweifelsfall auch den Mund halten. Wir haben es hinbekommen und ziehen, so gut es geht, an einem Strang. Anders geht es aber auch nicht!

Bevor ich mich mit Nadine auf die Couch zurückziehe, gehe ich noch eine Stunde an den PC. Rechnungen schreiben, E-Mails und Nachrichten auf den sozialen Netzwerken beantworten und neue Bilder und Beiträge posten. Dabei träume ich von einer Welt, in der man allein davon leben kann, dass man sein Handwerk gut macht.

Arbeitseinblick: der Anfang

Do's

- Gleich zu Beginn einen Kurs machen. Das beugt Verletzungen/Unfällen vor, verhindert Frust – der sich zwangsläufig einstellt, wenn man es ganz allein versucht – und spart bares Geld, denn man kann feststellen, ob einem (erstens) das Drechseln wirklich Spaß macht und was man (zweitens) denn wirklich braucht und was man sich sparen kann. Spezialisierte Werkzeughändler helfen bei der Suche nach kompetenten Kursen.

- Sich mit anderen Drechslern vernetzen. Es gibt zahlreiche Internetforen. Das größte ist www.drechsler-forum.de Dort kann man Fragen stellen, findet andere begeisterte Hobbydrechsler in der Nähe und erfährt, wo und wann der nächste Drechslerstammtisch in der Nähe stattfindet.

- Investiere in eine vernünftige Schleifmaschine und nimm dir die Zeit, das Schärfen ordentlich zu lernen. Davon wirst du dein Handwerkerleben lang profitieren, selbst wenn du zu einem anderen Handwerk wechselst. Scharfe Messer machen auch in der Küche mehr Spaß.

• Steht man vor der Wahl, gutes Werkzeug oder gute Maschine, sollte man das gute Werkzeug wählen. Irgendwann wird fast jeder seine Maschine gegen eine bessere/größere eintauschen. Gutes Werkzeug bleibt einem ein Leben lang erhalten. Für die Grundausstattung sollte man mit 1500 Euro rechnen. Und nach oben sind die Grenzen offen. Hat man ein schmales Budget, dann lieber eine kleine, dafür aber bessere Drechselbank kaufen. Hat man ein wenig Zeit und keine zwei linken Hände, lohnt es sich, nach einer alten Gussdrehbank zu suchen. Man kann sie restaurieren und mit einem Frequenzumrichter für stufenlose Drehzahlregulierung ausstatten. So kommt man günstig zu einer guten Maschine.

• Schutzbrille/Vollvisier sind bei jeder Arbeit an der Drechselbank Pflicht, ein Gehörschutz ist sinnvoll. Auch eine einfache Staubschutzmaske gehört in jede Werkstatt. Das Heimtückische ist: Man merkt die Folgen von zu viel Staub erst, wenn es zu spät ist.

• Versuche früh, ein »Holznetzwerk« aufzubauen. Beste Anlaufstelle sind Baumpfleger, da bekommt man auch mal was Exotischeres. Im Tausch eine Schale oder etwas anderes aus dem Holz anbieten, das kommt fast immer gut an.

• Übe am besten mit frischem Holz, es lässt sich leichter drechseln und ist günstiger zu bekommen. Drechselt man Schalenrohlinge, kann man zweimal üben: einmal beim Drechseln des Rohlings, einmal beim Fertigdrechseln.

Don’ts

- Nicht alles glauben, was man im Internet sieht! Das Internet ist eine hervorragende Informationsquelle. Dort findet man neben vielem Nützlichen aber auch unglaublich viel Müll. Man muss damit rechnen, dass neunzehn von zwanzig »How to«-Videos, die man findet, von Leuten stammen, die nicht wirklich drechseln können. Gerade der Anfänger erkennt das aber nicht. Man lernt falsche Techniken, Werkzeuge werden falsch eingesetzt. Das ist zum Teil gefährlich und kann zu Verletzungen führen.

- Maschinen und Zubehör kauft man im Fachhandel für Drechselbedarf, nicht im Baumarkt. Nicht nur, dass man im Fachhandel meist bessere Qualität und Beratung bekommt, das Preis-Leistungs-Verhältnis ist auch meistens besser. Selbst wenn der Preis im Baumarkt nur die Hälfte beträgt, ist die Qualität meist ein Drittel. Die Rechnung geht also nicht auf.

- Stell dich nicht gleich mit deinen ersten Werken auf einen Markt, heb sie dir auf, beschenke Freunde und Familie damit – und übergib auch mal was dem Ofen. Verkaufe deine Werke erst dann, wenn du sicher bist, dass die Qualität passt und du den Wert deiner Arbeit richtig berechnen kannst. Drechseln ist ein sehr komplexes Handwerk. Achte die, die sich die Mühe gemacht haben, es ordentlich zu erlernen.

- Drechseln ist keine gute Möglichkeit, mal schnell nebenher ein wenig Geld zu verdienen. Wer sich das Ganze einmal durchgerechnet hat, der weiß, dass es viel Hingabe, Geduld und Mühe braucht, bis man aus den roten Zahlen herauskommt. Vergiss nicht, ein Hobby soll Spaß machen. Der Weg ist das Ziel!

- Nicht entmutigen lassen! Bei einigen Techniken braucht man Jahre, bis man sie perfekt beherrscht, andere gelingen relativ schnell. Gerade am Anfang kann das oft frustrierend sein. Am besten zunächst einfache Projekte wählen und dann die Schwierigkeit langsam steigern.

- Nicht in die Werkstatt gehen, wenn du mit dem Kopf nicht bei der Sache bist. Genau dann passieren die meisten Unfälle. Hat man bei etwas kein gutes Gefühl – sein lassen.

  Von Anfängern selbst zusammengebasteltes Werkzeug ist in der Regel saugefährlich, lass die Finger davon. Lieber ein wenig sparen und dann was Ordentliches kaufen.

- Man muss nicht immer alles sofort haben, auch wenn sich heutzutage fast alles finanzieren lässt. Lieber warten, sparen und sich dann umso mehr freuen.

Zum Abschluss: der Dank

Hätte man mich vor zwei Jahren gefragt, ob ich mir vorstellen kann, ein Buch zu schreiben, hätte ich gefragt: Worüber? Was ich tue, ist in meinen Augen weder besonders außergewöhnlich noch spektakulär. Ich lebe auf einem kleinen Bauernhof mitten in den bayerischen Alpen. Ich bin zufrieden damit, wer ich bin und was ich mache. Ich bin dankbar für das, was ich habe, und weiß um mein Glück. Ab und zu stehe ich auf einer Bühne oder vor einer Kamera, ansonsten ist mein Leben erfreulicherweise ziemlich unspektakulär.

Dass das, was für mich zwar nicht selbstverständlich, aber doch irgendwie ganz normal ist, andere interessieren könnte, darauf hat mich Stefan Linde gebracht. Er hat mir darüber hinaus geholfen, den richtigen Einstieg in die Welt der Bücher zu finden.

Matthias Maus hat sich mit viel Geduld und Einfühlungsvermögen meine Geschichten und Erläuterungen angehört. Er hat mir geholfen, meine Gedanken zu ordnen und das Spannende vom Unwichtigen zu trennen. Die Professionalität, mit der er mich von der ersten bis zur letzten Seite begleitet hat, und sein Engagement, das weit über reine Pflichterfüllung hinausging, waren mir Ansporn und Motivation.

Neben meinen Eltern, die mich beide auf ihre ganz eigene

Art immer unterstützt haben, ist es vor allem meine Freundin Nadine, die mir Halt im Leben gibt. Darüber hinaus sind ihre wunderbaren Bilder eine unglaubliche Bereicherung für dieses Buch.

Meine Oma Marlene hat sich Zeit genommen und mir ihre Geschichte erzählt. Sie ist und war immer das, was eine Großmutter ausmacht.

Hans Stanggassinger und Jan Hovens haben ihr geschichtliches Wissen beigesteuert, und Stefan Behr war mir in jeder Situation ein guter Freund und Helfer.

In meiner Arbeit geht es nicht ohne Menschen, die einem ohne Eigennutz helfen, wie mein Bruder, meine Freunde, Nachbarn und Bekannte.

All diesen Menschen und nicht zuletzt dem Ludwig Verlag, der mir ermöglicht hat, meine Geschichte zu erzählen, und Dir/Ihnen, liebe Leserin und lieber Leser, möchte ich von ganzem Herzen danken.